变配重可控水力自动定轴翻板闸门实践研究

谢太生 著

黄河水利出版社
·郑州·

内 容 提 要

本书基于“变配重可控水力自动定轴翻板闸门”发明专利,在湖南省茶陵县仁源村小溪流上兴建了仁源水闸,系统总结了该水闸的规划、设计、施工、预结算和管理等。本书主要内容包括绪论、水力自动水闸发展历程,仁源水库设计、施工、预结算和管理等,重点介绍了目前仁源水闸理论计算方法,总结了整个过程存在的问题和取得的经验,提出了进一步改进研究的设想。

本书可供水利、环保、电力、航道等行业相关的科研、设计及管理人员学习参考,也可作为有关高等院校师生研究、学习的参考书。

图书在版编目(CIP)数据

变配重可控水力自动定轴翻板闸门实践研究/谢太生著.—郑州:黄河水利出版社,2019.10

ISBN 978-7-5509-2509-0

Ⅰ.①变… Ⅱ.①谢… Ⅲ.①翻板闸门-研究 Ⅳ.①TV663

中国版本图书馆 CIP 数据核字(2019)第 212912 号

组稿编辑:王路平 电话:0371-66022212 E-mail:hhslwlp@126.com

出 版 社:黄河水利出版社 网址:www.yrcp.com

地址:河南省郑州市顺河路黄委会综合楼 14 层 邮政编码:450003

发行单位:黄河水利出版社

发行部电话:0371-66026940、66020550、66028024、66022620(传真)

E-mail:hhslcbs@126.com

承印单位:河南新华印刷集团有限公司

开本:787 mm×1 092 mm 1/16

印张:8

字数:160 千字

版次:2019 年 10 月第 1 版 印次:2019 年 10 月第 1 次印刷

定价:40.00 元

前　言

水闸是低水头的水工建筑物，兼挡水、泄水的双重作用。它通过闸门的启闭来调节闸前水位、控制下泄流量。为了更好地发挥水闸作用，实现水闸自动化管理，减少人力和能源资源成本，自专利“变配重可控水力自动定轴翻板闸门”授权以来，一直想将它转化为实际应用，本项目是第一次将该发明专利转化为工程实体。为了更好地推广应用该闸门，特编写《变配重可控水力自动定轴翻板闸门实践研究》，以供从事水利建设的有关技术人员参考使用，也可供水利院校师生学习参考。

本书基于“变配重可控水力自动定轴翻板闸门”发明专利，在湖南省茶陵县仁源村小溪流上兴建仁源水闸时，对它进行了规划、设计、施工、预结算和管理，建成了一座三孔“变配重可控水力自动定轴翻板闸门”，第一次将该专利理论转化为实际工程。由于没有相关经验可借鉴，在工程设计和施工过程中碰到许多新问题，作者结合该实际工程提出了一些思路、见解和解决办法，可以为推广应用该新型闸门提供参考。

本书由湖南水利水电职业技术学院谢太生编写，书中例题、照片和插图绘制均由谢太生完成。另外，参加项目研究的人员还有蒋芩讲师、吴韶斌讲师、张孟希副教授、汪文萍教授和刘咏梅教授，他们对本书的编写提出了很多宝贵的意见，在此表示感谢！

感谢湖南省财政厅、湖南省水利厅、湖南水利水电职业技术学院、湖南省水利水电科学研究院、湖南省水利水电勘测设计研究总院的大力支持；特别感谢家人、学院领导、系部领导和老师们的支持！

由于作者水平有限，编写时间仓促，书中肯定存在不足之处，恳请读者批评指正。

作　者

2019 年 6 月

目 录

第1章　绪　论

1.1　问题的提出

变配重可控水力自动定轴翻板闸门已经于2016年2月4日取得国家知识产权局实用新型专利授权，当时正处于发明专利的实质性审查阶段。该闸门克服了现有技术中以下问题：①闸门配重恒定不变，启闭不灵活；②不能人为地控制闸门开度，闸门泄流量和上游水位得不到适时控制；③水流中漂浮物阻塞闸室，减小了闸室过流面积，水闸泄洪不安全；④不能计时引用水量和泄流；⑤不能防止闸门启闭拍打；⑥不能自动启闭。

“变配重可控水力自动定轴翻板闸门实践研究”项目由湖南水利水电职业技术学院独立承担，计划实施2年零1个月。项目申请湖南省财政拨付经费50万元，学院自筹经费3万元。从2017年1月15日至2019年2月15日，研究项目组计划选择湖南省茶陵县仁源村二组对门江拦河坝为试验场地，待工程实施完成后，一可以解决现有拦河坝上游泥沙淤积问题和实现无人管理引水灌溉；二可以研究解决该闸门实践应用（如规划、设计、施工以及管理等）方面的技术参数和方法问题。通过实际工程蓄水和放水试验，验证该专利产品能否顺利应用，或者是否需要进一步改进。经过验证，项目的研究成果达到国内先进水平，相关成果形成专著，将在全省乃至全国推广使用。

该科研项目开展的主要目的是比较该闸门理论与实践之间的差别和联系，进一步认证和完善该专利产品，为今后该闸门进一步推广应用打下坚实的理论与实践基础，为水力自动翻板闸门设计、施工和运行管理的创新探索提供参考。该项目实施将产生较大的社会和经济效益，对推动湖南省乃至全国水力自动翻板闸门技术应用有着十分重要的意义。

1.2　研究目标

本项目的研究目标为：以“变配重可控水力自动定轴翻板闸门”实用新型专利为基础，建设一座变配重可控水力自动定轴翻板闸门实际工程，验证该专利产品能否顺利应用，或者是否需要进一步改进。同时实现：①闸门配重变化，启闭灵活；②能人为地控制闸门开度，闸门泄流量和上游水位得到适时控制；③水流中漂浮物不阻塞闸室，闸室过流面积不变小，保证水闸泄洪安全；④能计时引用水量和泄流；⑤防止闸门启闭拍打；⑥自动启闭。总之，一旦该研究成功，可以减少闸门运用中的管理费和减轻管理人员的劳动强度，延长闸门使用寿命，得到实际运用的技术参数、文字和图片，并形成专著，便于以后在全省乃至全国推广使用。

2017年度工作目标：成立课题组，与茶陵县仁源村二组村民和负责人一起协商选择试验水闸地址，取得当地同意，现场测量，取得设计参数，进行闸门规划设计和施工准备工作,取得闸门制作、安装等文字和图片资料。

2018 年度工作目标:闸门施工完毕,进行蓄水、放水试验,分析试验取得参数,研究闸门规划设计与试验数据的关系,寻找它们的规律,取得蓄水、放水试验参数、文字和图片资料,并完成专著的编写。

2019 年度 1 ~2 月工作目标:将试验现场规划、设计、试验得到的资料整理、归纳、总结,完成科研课题报告的编制。

1.3 研究意义

水力自动闸门又称为水力自控闸门,该类闸门主要是借助水力和重力作用,在一定水位条件下,以水压为动力,随流量变化实现自动启闭的闸门。这种闸门与其他闸门相比具有制造简单,运行可靠,管理维护方便,可节省电力,并且造价和管理维修费用低廉等优点。主要适用于以下情况:①洪水来势较猛,需及时宣泄洪峰流量;②在管理操作不便的偏僻地段,无电源或电力保证的地区;③渠系灌溉;④发电;⑤航运;⑥供水及近年时兴景观工程,等等。因此,推广和使用水力自动闸门具有重要的工程意义和实际意义。

开展本课题的研究,一是有助于实现灵活自动启闭闸门,实现闸门无人管理和计时灌溉,有助于减少闸门运行管理人员数量,降低闸门运行管理成本,提高闸门自动化管理水平;二是实现人为控制闸门开启度,保证特殊工况下的运行,适时控制闸门泄流量和上游水位,扩大闸门泄流面积,保证闸门安全运行;三是减轻闸门启闭撞击,延长闸门使用寿命。

1.4 研究思路和方法

以“变配重可控水力自动定轴翻板闸门”实用新型专利为基础,计划选择湖南省茶陵县仁源村二组对门江拦河坝为试验场地,现有拦河坝为壅水溢流固定浆砌石坝,经常在汛期时发生泥沙淤积,导致两岸农田淹没,老百姓怨声载道。与当地村民商量后,决定拆除该坝,新建一座变配重可控水力自动定轴翻板闸门,待工程实施后,一可以解决现有拦河坝上游泥沙淤积问题和实现无人管理引水灌溉;二可以研究解决该闸门实践应用(如规划、设计、施工以及管理等)方面的技术参数和方法问题。通过实际工程蓄水和放水试验,验证该专利产品能否顺利应用,或者是否需要进一步改进,便于以后推广使用,一举两得,不存在浪费资金问题。技术路线见图 1-1。

1.5 研究内容

以“变配重可控水力自动定轴翻板闸门”实用新型专利为基础,克服现有技术中的以下问题:①闸门配重恒定不变,启闭不灵活;②不能人为地控制闸门开度,闸门泄流量和上游水位得不到适时控制;③水流中漂浮物阻塞闸室,减小了闸室过流面积,水闸泄洪不安全;④不能计时引用水量和泄流;⑤不能防止闸门启闭拍打;⑥不能自动启闭。

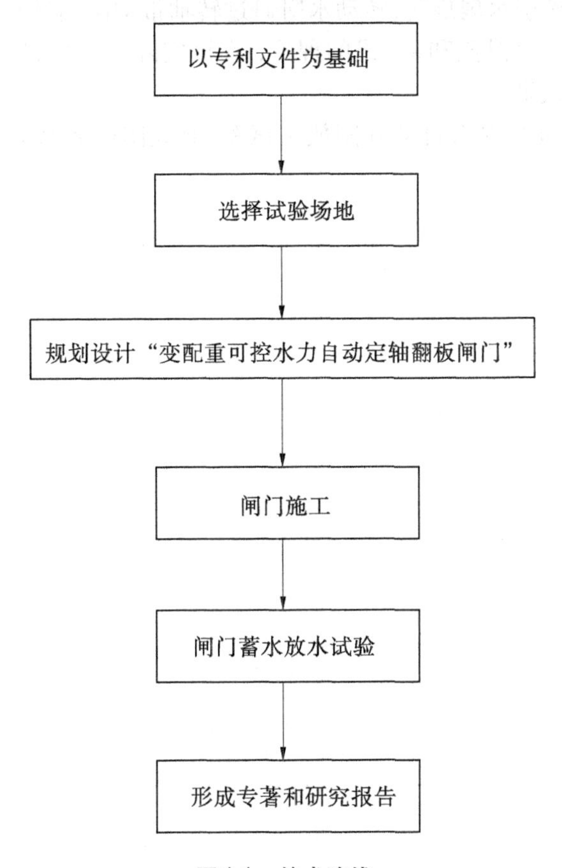

图1-1 技术路线

主要研究内容包括：

(1)以专利文件为基础，结合工程现场，研究变配重可控水力自动定轴翻板闸门的设计结构、材料、尺寸与施工方法，做成专利闸门实物模型，比较闸门专利文件资料与工程现场的相同点和不同点，提出改进方法。同时，总结实际运用中有价值的设计参数、图片和施工方法，积累资料，形成一套有效的设计和施工资料，为该闸门今后推广应用提供参考。

(2)在工程现场进行蓄水试验，研究闸门蓄水运行状况、存在哪些问题、如何改进等。

(3)研究专利文件中“闸墩两侧蓄水箱灌水至一定深度，在转轴两端固接水扇，当闸门开启旋转时带动水扇转动，水扇受到蓄水箱水体的阻力作用，缓慢转动，而且闸门开启旋转转速越快，水扇受到蓄水箱水体的阻力作用越大，相应地减缓闸门转速，使闸门慢速翻转至闸墩牛腿上，减小闸门对闸墩牛腿的撞击力，水体阻力不会像弹簧那样同时施加一个压缩反力给水扇，牵引闸门回位，导致闸室上游库容水量无法泄尽放空；当闸门关闭回转时，水扇同样受到蓄水箱水体阻力作用，致使闸门慢速关闭，减小闸门对闸室底板支墩撞击力，保证闸门运行稳定，延长工程寿命”的理论，在该实际工程中设计结构、尺寸和施工方法，并验证实际运行效果。

(4)研究专利文件中“为了人为地控制闸门放水时间来计量闸室上游引水工程引水时间，蓄水池水量通过进出水管路系统中的第一阀门和第二阀门控制，调节集水井锤升降,重锤通过钢丝绳牵引水扇旋转,转动水扇通过转轴带动闸门转动,人为控制和调节闸门开启度,保证水闸定时泄流和蓄水”的理论,在该实际工程中设计结构、尺寸、施工方法,并验证实际运行效果。

(5)在工程现场进行水力自动开闸放水试验,研究闸门放水运行状况、存在哪些问题、如何改进等。

第 2 章　水力自动闸门的发展概况和存在问题

2.1　现有水力自动闸门类型

水力自动闸门按闸门的形式可分为翻板闸门、弧形闸门、鼓形闸门、扇形闸门及舌瓣闸门等。各闸门利用力矩平衡或以控制浮室水位操作杠杆的方式进行启闭，以实现水流的自动调节和运行。

2.2　水力自动闸门国内外研究进展

随着我国水利水电事业的发展，水力自动闸门的优点逐步引起国内外学者的重视，并进行了广泛和深入的试验研究及工程实践，使水力自动闸门逐步趋于成熟。该类闸门的应用对水资源的合理配置，推行洪水资源化，实行控制洪水与利用洪水相结合，弥补水资源的严重短缺具有重要意义。水力自动闸门不仅应用于防洪、发电、引水和灌溉工程中，近年来，随着人们治水思路的改变，以及环境保护与美化意识的增强，开始被应用于园林景观、旅游、环保等综合工程中。

2.2.1　水力自动翻板闸门

水力自动翻板闸门是一种借助水压力和重力的作用，随着水位的变化，为保持水压力与重力的平衡而自动启闭的闸门。该闸门是主要利用力矩平衡原理使闸门绕水平轴转动，随着上游水位的变化自动启闭的一种自动化闸门。该类闸门主要用于拦河闸上，在正常蓄水位时，闸门关闭蓄水，以满足灌溉、发电和航运的需要。它具有运行稳定、管理方便等优点。

水力自动翻板闸门在国内外已经有较长的应用历史。在我国，从 20 世纪 50 年代以来，交通航运和水利部门对水力自动平面旋转闸门进行了广泛的试验研究和工程实践，使翻板闸门在防洪、发电、航运等工程中得到广泛应用。到 20 世纪 60 年代中期，翻板闸门门型的门体结构、应用材料及闸门的工作原理等方面有所突破。20 世纪 70 年代初期，我国陆续涌现了一批在结构型式和调节性能，以及运行方式上都有较大发展的新型水力自动翻板闸门。到了 20 世纪 80 年代，连杆滚轮式水力自动翻板闸门的出现使翻板闸门的结构型式和调节性能更加完善。随着许多学者的深入研究，这类闸门突破了绕固定支点旋转的常规做法，使闸门沿多个支点或曲线形轨道旋转移动，改善了该类闸门的功能。

液压辅控式翻板闸门在水力自动控制翻板闸门基础上增设了液压系统，实现了水力自动和人工控制的双重作用，可以人工干预闸门启闭，满足不同工况和不同开度的需要。

2.2.2 水力自动弧形闸门

弧形闸门因具有启门力小、没有门槽、过流流态好、操作运行方便等优点，在国内外得到了广泛应用，是水工建筑物中应用最为广泛的门型之一。弧形闸门早期的应用是1860年尼罗河三角洲Rosetla坝和Damietta坝。1894~1895年，德国第一次在柏林附近安装并使用弧形闸门。1910年，美国L. F·哈扎教授研究了一项反转弧形闸门的专利。1976年，德国在巴伐利亚地区建造了28扇弧形闸门。1949年以来，我国水利工程上已经应用了各种孔口尺寸、各种类型的弧形闸门作为水道的工作闸门，在主要尺度方面都已进入了世界大型弧形闸门的行列。20世纪80年代以来，已经开始采用偏心圆柱铰，并取得了进展。通过对水力自动弧形闸门的研究，并通过长期的工程实践，国内外在弧形闸门的设计、制造及运行方面都积累了许多经验，技术水平也有了很大的提高。近年来，国内外学者主要对弧形闸门主框架的动力稳定性、流激振动特性、自振特性及其结构优化等进行了研究，并通过更深一步的研究，使水力自动弧形闸门更加完善、更加广泛、更加安全地应用在水利工程中。例如，吉小艳、钱声源等分别对弧形闸门静力和动力两方面的弹性稳定性进行了分析，以及对弧形闸门的动力特性即自振和振动规律进行了研究。

2.2.3 水力自动冲沙闸门

国内外水力自动闸门型式众多，但多数均设计在清水中运行，而多泥沙河流上，从引水枢纽引出的水，通常需要经沉沙池进行沉沙，当沉沙池淤积到一定程度后，开启闸门冲沙。为此，法国兴建了一种水力自动冲沙闸门。该闸门主要由检波系统、放大系统、排沙系统三部分组成。但该类闸门的结构及应用条件比较复杂，且取水流量也只能控制在0.3~6.4 m^3/s。因此，只是在法国修建了十几座，并未得到广泛的应用。

2.2.4 水力自动滚筒闸门

水力自动滚筒闸门是一种放置在溢流坝坝顶，可调节水流运行的新型水力自动闸门。该闸门的工作特点是根据上游来水量和水位的变化情况，利用水压力产生的推动力矩与闸门自重，以及闸门配重产生的回复力矩进行自动启闭，实现水流的自动调节、运行和排沙。该闸门在多泥沙河流中，能保证将高含沙洪水按需分洪；在泥沙淤积情况下，可按设计标准快速启闭。同时，在上游来水量较大时，具有从闸门上、下同时过水的特点，保证有较大的过水能力和较小的上游水深壅高值，使堤防工程量大大减少，可更好地调节水流运行。水力自动滚筒闸门与应用，对提高高含沙洪水资源的利用具有重要的意义。

目前，对于水力自动滚筒闸门，仅有李利荣等及文恒教授于2007~2009年期间，通过模型试验和数值计算，对该闸门的水力学特性进行了研究，并通过表面力的合成、量纲分析、曲线估计的方法，建立了滚筒闸体表面动水压力的数学模型，为水力自动滚筒闸门后期进一步的研究提供了指导。

2.2.5　其他型式的闸门

国内外对其他型式的闸门也进行了研究，如南非成立的 Flowgate Project Ltd，于 1997 年研制了具有该公司专利的溢洪道闸门（TOPS Spillway Gate）、坝顶闸门（FDS Crest Gate）和冲沙闸门（FDS Scour Gate）等多种水力自动闸门等。我国水利界对水力自动屋顶闸门、水力自动扇形闸门、水力自动圆筒式闸门等型式的闸门进行了许多研究。随着水利行业的发展，研究发明了将闸门门体、参数测量和控制及数据通信为一体，可利用太阳能或其他能源为动力的一体化闸门。

2.3　现有水力自动闸门研究方法

目前，对于水力自动闸门的研究方法主要有：理论分析、模型试验和数值计算。

（1）理论分析。主要是通过对水力自动闸门的工作特点进行分析后，应用基本理论、科研信息和相关领域的基础知识，进行分析判断，定性地分析闸门的工作原理，并对闸体的受力变化进行分析。理论分析的优点在于所得结果具有普遍性，各影响因素清晰可见，是指导模型试验研究和数值计算的理论基础。

（2）模型试验。是基于水力自动闸门的模型试验装置、测试设备等对闸门的各个工作状态进行监测，应用先进的测量设备、数据采集软件等对模型的水力学特性进行观察和测量，得到相关的数据和图像。模型试验是目前研究水力自动闸门的重要方法，也是水工模型水力特性研究的重要途径。采用数值模拟对水力自动闸门进行研究，具有灵活性强、周期短、成本低及可预测性等优势，也是目前研究的有效手段。

（3）数值计算。是基于计算流体动力学（CFD）的模拟方法，随着计算机技术和 CFD 技术的发展，已经广泛应用于各种流场的研究。

理论分析、模型试验和数值模拟是研究水力自动闸门的三种基本方法，它们既相互依赖，又相互促进。

2.4　目前存在的问题

水力自动翻板闸门具有不用外来能源，结构简单，可在无人操纵下自行启闭，运行可靠，管理维修方便，并且造价低廉等优点。目前，水力自动翻板闸门可分为立轴旋转闸门、水平转轴旋转闸门、非连续支铰式翻板闸门、曲线连续铰式翻板闸门、渐开型闸门、液压辅控式翻板闸门等六种。但随着国内外广泛的实践应用，发现这些闸门仍存在一些不足。其中，立轴旋转闸门转轴和水平转轴旋转闸门不能完全自动控制，一经开启，水量基本泄完，闸门无法自动回位关闭，需人力关闭，人为无法控制上游水位，管理困难。非连续支铰式翻板闸门、曲线连续铰式翻板闸门、渐开型闸门和液压辅控式翻板闸门四种闸门存在设计、施工复杂等问题，有的闸门开启度较小，对工程泄洪不利；另外水闸运行时会碰到大量漂浮物容易堵塞、卡住运行轨道，导致闸门开启不灵活，甚至无法开闸泄洪，影响工程安全泄洪;闸门构件加工技术要求高(如需达到一定精度),维修更新费用高。以上前五种闸门在翻转过程中易发生拍打震动、撞击,容易造成门叶受损而影响闸门寿命。除了液压辅控式翻板闸门,其他闸门无法人为控制闸门开启度、泄洪不可靠、不能自动计时引用水量,且闸门底板支墩阻挡漂浮物下泄,阻塞水闸,影响水闸泄洪等。另外,液压辅控式翻板闸门中的液压系统容易发生漏油、油缸爆裂和闸门开启时侧面水流冲击液压支杆等失效现象。以上诸多难点需国内外学者进行更深一步的研究,使水力自动闸门得到更广泛的应用,以实现控制洪水与利用洪水相结合,解决水资源的严重短缺问题。

2017 年 5 月 3 日授权的“变配重可控水力自动定轴翻板闸门”发明专利的实施效果到底如何,至今还没有经过实际工程运行检验证明。

第3章　变配重可控水力自动定轴翻板闸门发明简介

3.1　发明内容

本发明所要解决的技术问题是提供一种能调节闸门开启度、泄洪可靠、能自动计时引用水量、不会阻塞、自动启闭的变配重可控水力自动定轴翻板闸门。

为了解决上述技术问题，本发明提供的变配重可控水力自动定轴翻板闸门，包括闸门（闸门的下部固定在转轴上，闸门背水面的下部设有水箱，水箱在临近闸门的下部的一侧设有通水孔，另一侧设有通气孔）、一个限制闸门旋转到水平位置并支撑闸门的闸墩牛腿、一个限制闸门旋转到竖直位置支撑闸门的闸室底板支墩和转轴一端连接的缓冲装置。

缓冲装置为空腹式闸墩，空腹式闸墩由一个蓄水箱和两个处于蓄水箱两侧的集水井组成，转轴延伸至蓄水箱内；在蓄水箱内的转轴上固定安装有水扇，水扇浸泡在蓄水箱内的水中，在蓄水箱内设有限制水扇的旋转角度范围并支撑水扇的减震支撑；每个集水井旁设有一个支架，每个支架上设有滑轮及设在滑轮上的钢丝绳，钢丝绳的一端固定连接在水扇的上端，另一端与处于集水井内的重锤连接，每个集水井和蓄水箱均连接有进出水管路系统。

进出水管路系统包括进出水管路和与进出水管路连接的放水管，进出水管路的一端通过第一阀门与蓄水池连接，另一端与集水井和蓄水箱连接，放水管上安装有第二阀门。

蓄水箱内设有盖住水扇的蓄水箱穿孔曲线盖，其两端和顶端均设有穿孔。

闸墩牛腿为较尖角朝向水流上游的三棱锥形闸墩牛腿。

闸室底板支墩为四棱台形，较小尖角朝向水流上游，迎水面棱设为圆锥弧形。

转轴与蓄水箱之间设有填料函。

转轴的两端均连接有空腹式闸墩。

减震支撑为弹簧减震支撑。

采用上述技术方案的变配重可控水力自动定轴翻板闸门，水扇浸泡在水中，蓄水箱中的水迫使水扇慢速转动，牵引闸门慢速旋转，减震支撑限制水扇旋转角度范围并支撑水扇。集水井中的重锤通过钢丝绳、支架、滑轮与水扇相连接，这样人为调节集水井的水位升降，从而使浮在集水井中的重锤升降，牵引水扇旋转，控制闸门开启度。蓄水箱与集水井均由蓄水池和进出水管路系统供水或排水。

水闸一般处于河床较低位置，在水闸附近较高适当位置处修建一定容积的蓄水池，蓄水池水量通过进出水管路系统与空腹式闸墩的集水井相连，进出水管路系统中的阀门控制进出集水井的水流量大小，调节集水井的水位高低，集水井内悬浮重锤，重锤系于钢丝绳上，钢丝绳通过支架上的滑轮组系于水扇顶端。

为了人为地控制闸门放水时间来计量闸室上游引水工程引水时间，蓄水池水量通过进出水管路系统中的阀门控制，调节集水井水位降低与升高时间，以而使悬浮于水面的重锤出现升降。重锤通过钢丝绳牵引水扇旋转，转动水扇通过转轴带动闸门转动，人为控制和调节闸门开启度，保证水闸定时泄流和蓄水。

同时可以人为迅速地调节进出水管路系统中的阀门开启度，迅速降低或者升高集水井的水位，人为控制闸门开启度，保证特殊工况（如泄洪、检修等）情况下水闸安全运行。

为了防止闸室上游漂浮物堵塞水闸，闸墩牛腿设置为三棱锥形，较尖角朝向水流上游；闸室底板支墩设置为四棱台形，较小尖角朝向水流上游，迎水面棱设为圆锥弧形。这样设置，有利于闸室上游漂浮物顺畅通过，不会挂住杂物，阻塞水闸。

本发明克服了现有技术中：①闸门配重恒定不变，启闭不灵活；②不能人为地控制闸门开度，闸门泄流量和上游水位得不到适时控制；③水流中漂浮物阻塞闸室，减小闸室过流面积，水闸泄洪不安全；④不能计时引用水量和泄流；⑤不能防止闸门启闭拍打；⑥不能自动启闭。

综上所述，本发明是一种能调节闸门开启度、泄洪可靠、能自动计时引用水量、不会阻塞、自动启闭的变配重可控水力自动定轴翻板闸门。

3.2　附图说明

图 3-1 是本发明中的一种实施例闸室平面图。

图 3-2 是沿图 3-1 中 A—A 剖面图。

图 3-3 是沿图 3-1 中 B—B 剖面图。

图 3-4 是沿图 3-1 中 C—C 剖面图。

图 3-5 是本发明上游正视图。

图 3-6 是本发明侧视图。

图 3-7 是本发明闸墩牛腿结构示意图。

图 3-8 是本发明闸室底板支墩结构示意图。

图 3-9 是本发明闸门平衡原理图。

图 3-1 ~ 3-9 中：

1—水箱；2—闸门；3—闸墩牛腿；4—转轴；5—减震弹簧支撑；6—传力钢丝绳；7—滑轮；8—支架；9—重锤；10—空腹式闸墩；11—集水井；12—水扇；13—蓄水箱；14—进出水管路；15—放水管；16—闸室底板支墩；17—蓄水池；18—第一阀门；19—通水孔；20—通气孔；21—蓄水箱穿孔曲线盖；22—填料函；23—穿孔；24—第二阀门。

3.3　具体实施方式

下面结合实例对本发明做进一步的阐述。

如图 3-1 ~ 图 3-9 所示，变配重可控水力自动定轴翻板闸门中，闸门 2 的下部固定在转轴 4 上，闸门 2 的背水面的下部设有水箱 1，水箱 1 在临近闸门 2 的下部的一侧设有通水孔 19(注:进出水流的口子命名为通水孔,下同),另一侧设有通气孔 20,还包括一个限制闸门 2 旋转到水平位置并支撑闸门 2 的闸墩牛腿 3 和一个限制闸门 2 旋转到竖直位置支撑闸门 2 的闸室底板支墩 16,在转轴 4 的两端连接有缓冲装置。缓冲装置为空腹式闸墩 10,由一个蓄水箱 13 和处于蓄水箱 13 两侧的两个集水井 11 组成,转轴 4 延伸至蓄水箱 13 内,转轴 4 与蓄水箱 13 之间设有填料函 22,在蓄水箱 13 内的转轴 4 上固定安装有水扇 12(注:摇动水流的叶片命名为水扇 12,下同),水扇 12 浸泡在蓄水箱 13 的水中,在蓄水箱 13 内设有限制水扇 12 的旋转角度范围并支撑水扇 12 的减震弹簧支撑 5;每个集水井 11 旁均设有一个支架 8,每个支架 8 上均设有滑轮 7 及设在滑轮 7 上的钢丝绳 6,钢丝绳 6 的一端固定连接在水扇 12 的上端,另一端与处于集水井 11 内的重锤 9 连接,每个集水井 11 和蓄水箱 13 均连接有进出水管路系统。

具体地,进出水管路系统包括进出水管路 14 和与之连接的放水管 15,进出水管路 14 的一端通过第一阀门 18 与蓄水池 17 连接,另一端与集水井 11 和蓄水箱 13 连接,放水管 15 上安装有第二阀门 24。

进一步地,蓄水箱 13 内设有盖住水扇 12 的蓄水箱穿孔曲线盖 21,两端和顶端均设有穿孔 23。

闸墩牛腿 3 为较尖角朝向水流上游的三棱锥形闸墩牛腿。

闸室底板支墩 16 为四棱台形,较小尖角朝向水流上游,迎水面棱设为圆锥弧形。

如图 3-1 ~ 图 3-9 所示,闸门 2 与转轴 4 固结,闸墩牛腿 3 和闸室底板支墩 16 限制闸门 2 旋转角度范围并支撑闸门 2。闸门 2 的转轴 4 穿过空腹式闸墩 10 的壁孔(壁孔设填料函 22 止水),进入蓄水箱 13,与水扇 12 相连接,水扇 12 浸泡在水中,蓄水箱 13 中的水迫使水扇 12 慢速转动,牵引闸门 2 慢速旋转,减震弹簧支撑 5 限制水扇 12 旋转角度范围并支撑水扇 12。集水井 11 中的重锤 9 通过钢丝绳 6、支架 8、滑轮 7 与水扇 12 相连接,这样人为调节集水井 11 的水位升降可以使浮在集水井 11 中的重锤 9 升降,牵引水扇 12 旋转,可以控制闸门 2 的开启度。蓄水箱 13 与集水井 11 均由蓄水池 17、进出水管路 14 和放水管 15 供水或排水。

闸门 2 直立关闭时,水箱 1 的通水孔 19 朝下,水箱 1 内不蓄水,没有水重。闸室上游水库没有水流下泄,开始蓄水,上游地区来水量源源不断地增加,水位渐渐上升;上升至一定高度时,闸门 2 开启力矩等于关闭力矩,闸门 2 处于即将开启的临界状态;水位继续上升时,闸门 2 开启力矩大于关闭力矩,闸门 2 绕转轴 4 旋转开启泄流;闸门 2 旋转至某一倾角时,闸门 2 受到三个水作用产生的回位关闭力矩。①水流经通水孔 19 缓慢进入水箱 1,同时通过水箱 1 的通气孔 20 排气,水流易于进入水箱 1,增加了水箱 1 侧重量,渐渐加大闸门 2 的关闭力矩;②转轴 4 以下部分迎水面受到水压力的作用,产生回位关闭力矩;③由于转轴 4 两端穿过两侧的空腹式闸墩 10 与蓄水箱穿孔曲线盖 21 下的水扇 12 固结,空腹式闸墩 10 两侧的蓄水箱 13 灌水至一定深度,闸门 2 开启旋转时带动水扇 12 转动,水扇 12 受到蓄水箱 13 内水体的阻力矩作用,使转轴 4 减速,且闸门 2 开启旋转转速越快,水扇 12 受到蓄水箱 13 内水体的阻力矩作用越大。以上三种关闭力矩抵消了部分开启力矩,阻挡闸门 2 快速旋转倾覆,相应地减缓闸门 2 的转速,使闸门 2 慢速翻转至牛腿 3 和减震弹簧定位支撑 5 上,以防止闸门 2 撞击闸墩牛腿 3 和减震弹簧支撑 5,保护闸门 2、闸墩牛腿3和弹簧减震支撑5,延长工程寿命。但是,此时总体上,仍然是闸门2开启力矩大于回位关闭力矩,闸门2渐渐开启至水平全开状态时,闸门2泄流量最大。如果上游来水量大于泄水量,闸门2仍然处于水平全开状态,不能回位关闭,水箱1的通水孔19面对上游来水,进满了水(这时增加了水箱1水重,同时水箱1通气孔20继续排气,也就是增加了回位关闭力矩,为闸门2开始回位关闭做准备)。

一旦上游来水量小于闸门泄水量,上游水位开始下降,一直下降到闸门2回位关闭力矩大于开启力矩时,闸门2开始回转。此时有两个因素会减小关闭力矩:①闸门2开始倾斜,水箱1里面的水通过通水孔19渐渐泄水,同时水箱1的通气孔20进气,水箱1容易泄流,水箱1水重减轻,关闭力矩减小;②水扇12阻力同时阻止闸门2快速回转,以防撞击安置了减震弹簧支撑5和闸室底板支墩16,保护闸门2、闸室底板支墩16和减震弹簧支撑5,延长工程寿命。闸门2转至处于直立状态时,闸门2关闭,同时水箱1里面的水全部流尽,减轻下次闸门的开启力矩,便于开启。闸室上游水库又开始蓄水,水位上升,当上升到一定高度时,闸门2又开启泄流;当水位降至一定深度时,闸门2的关闭力矩大于开启力矩,闸门2又回转至关闭直立状态,又开始蓄水。此后循环往复,重复同样过程。

水闸一般处于河床较低位置,在水闸附近较高适当位置处修建一定容积的蓄水池17,蓄水池17水量通过进出水管路14和放水管15与空腹式闸墩10上、下游端部四个集水井11相连。进出水管路系统中的第一阀门18和第二阀门24控制进出集水井11的水流量大小,调节四个集水井11的水位高低,集水井11内悬浮四个重锤9,重锤9系于钢丝绳6,钢丝绳通过支架8上的滑轮7系于水扇12顶端。

为了人为地控制闸门放水时间来计量闸室上游引水工程引水时间,蓄水池17水量通过进出水管路系统中的第一阀门18和第二阀门24控制,调节集水井11的水位降低与升高时间,使悬浮于水面的重锤9出现升降,重锤9通过钢丝绳6牵引水扇12旋转,转动水扇12通过转轴4带动闸门2转动,人为控制和调节闸门2的开启度,保证水闸定时泄流和蓄水。

同时可以人为迅速地调节进出水管路系统中的放水管15开启度,迅速降低或者升高四个集水井11的水位,人为控制闸门2开启度,保证特殊工作(如泄洪、检修等)情况下水闸安全运行。

为了防止闸室上游漂浮物堵塞水闸,闸墩牛腿3是设置为三棱锥形,较尖角朝向水流上游,闸室底板支墩16设置为四棱台形,较小尖角朝向水流上游,迎水面棱设为圆锥弧形,这样设置,有利于闸室上游漂浮物顺畅通过,不会挂住杂物,阻塞水闸。

变配重可控水力自动定轴翻板闸门与现有闸门不同之处在于闸门结构、人为控制及计时引水、防闸门撞击和漂浮杂物阻塞闸室。变配重可控水力自动定轴翻板闸门的水箱1运行时可以变配重,闸门2下部与转轴4固结,闸墩牛腿3、闸室底板支墩16和减震弹簧支撑5控制闸门2转动定位,由空腹式闸墩的蓄水箱13和集水井11容纳连接转轴4的钢丝绳6,经滑轮7、支架8、重锤9、人为升降水位变化的集水井11组成的传力系统,对闸门2开度进行控制,由蓄水池17、进出水管路14、放水管15、第一阀门18和第二阀门24组成水流系统,保证集水井11的水位升降和水量变化。由此解决了现有闸门中下述问题:①水力自动翻板闸门配重不变、启闭不灵活。②设计与施工复杂。③转轴4运行时活动部件易被漂浮杂物卡住，无法启闭，影响泄洪安全。④不能计时水闸引水和人力无法控制闸门泄流量和闸前水位，泄洪不可靠。另外，设置闸墩牛腿 3 采用三棱锥形，尖角朝向上游侧，闸门处于直立关闭时，闸室底板支墩 6 采用四棱台形，尖角朝向上游侧，目的是保证上游来水中的漂浮物顺畅过闸，防止减小闸室过流面积，不再产生漂浮物阻水现象，有利于工程安全泄洪。并且在闸墩两侧蓄水箱 13 灌水至一定深度，在转轴 4 两端固接水扇 12，当闸门 2 开启旋转时带动水扇 12 转动，水扇 12 受到蓄水箱 13 中水体的阻力作用，缓慢转动，而且闸门 2 开启旋转转速越快，水扇 12 受到蓄水箱 13 中水体的阻力作用越大，相应地减缓闸门 2 转速，使闸门 2 慢速翻转至闸墩牛腿 3 上，减小闸门 2 对闸墩牛腿 3 的撞击力，水阻力不会像弹簧那样同时施加一个压缩反力给水扇，牵引闸门 2 回位，导致闸室上游库容水量无法泄尽放空。当闸门 2 关闭回转时，水扇 12 同样受到蓄水箱 13 中水体阻力的作用，使闸门 2 慢速关闭，减小闸门 2 对闸室底板支墩 16 撞击力，保证闸门 2 运行稳定，延长工程寿命。

3.4　发明附图

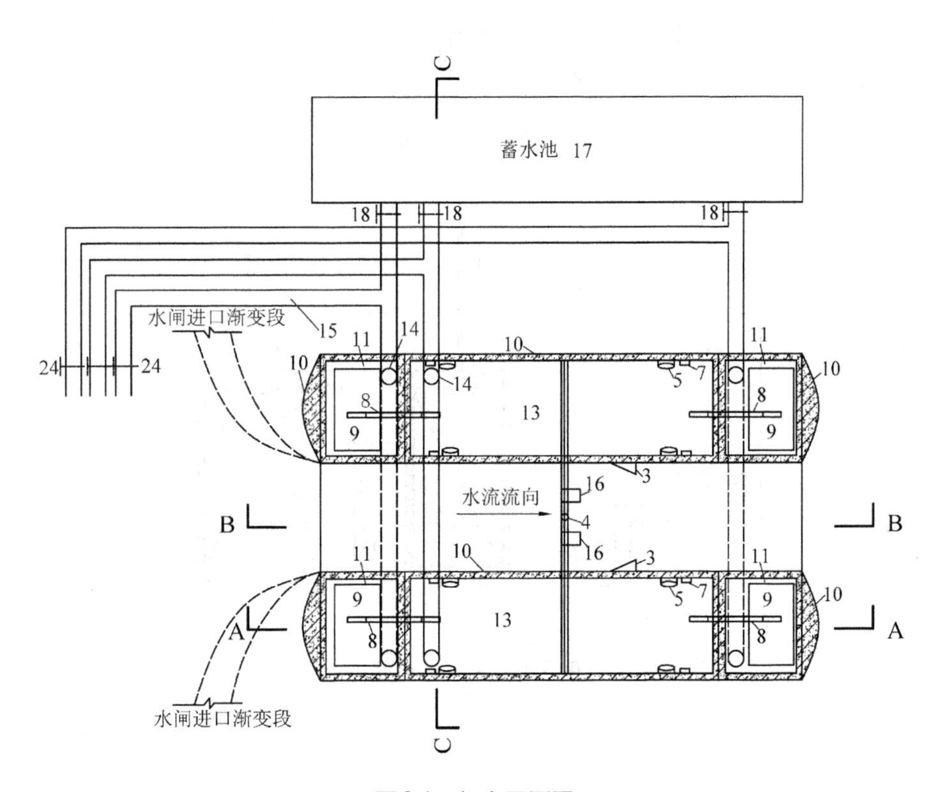

图 3-1　闸室平面图

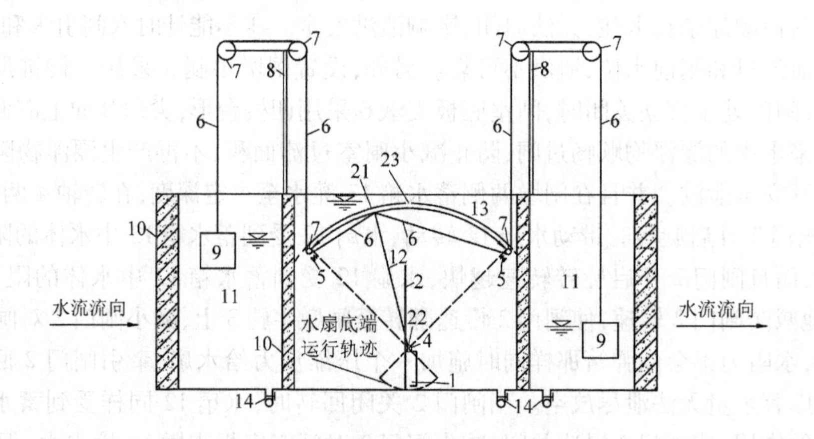

图 3-2 A—A 剖面图

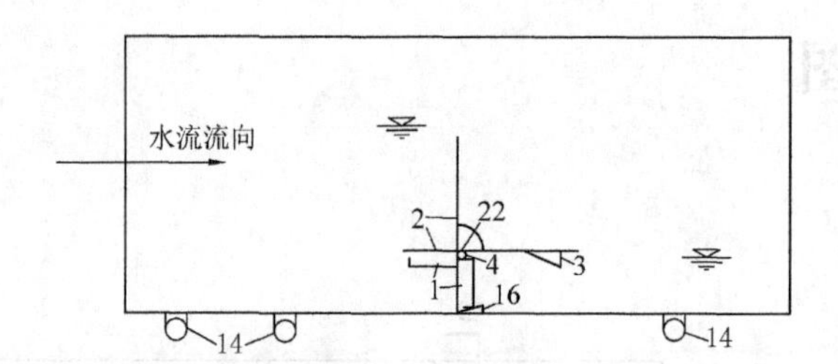

图 3-3 B—B 剖面图

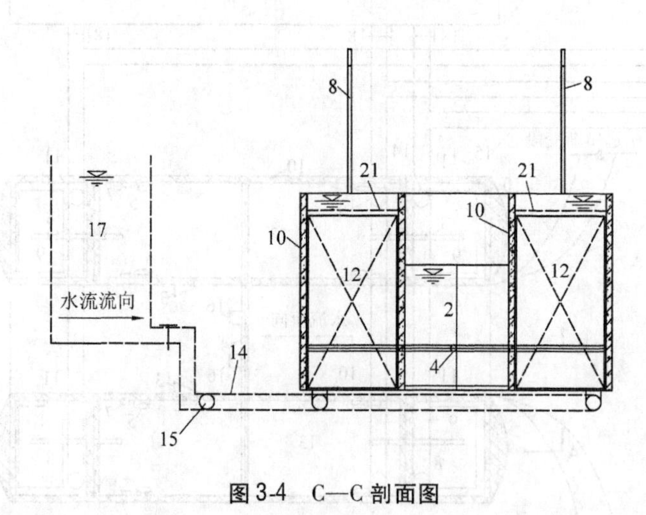

图 3-4 C—C 剖面图

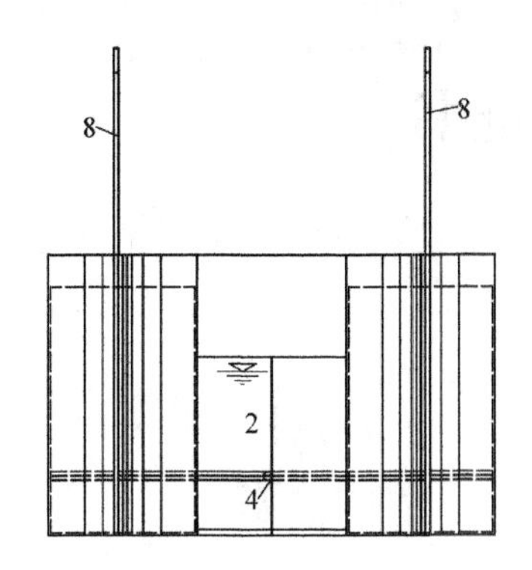

图 3-5　上游正视图

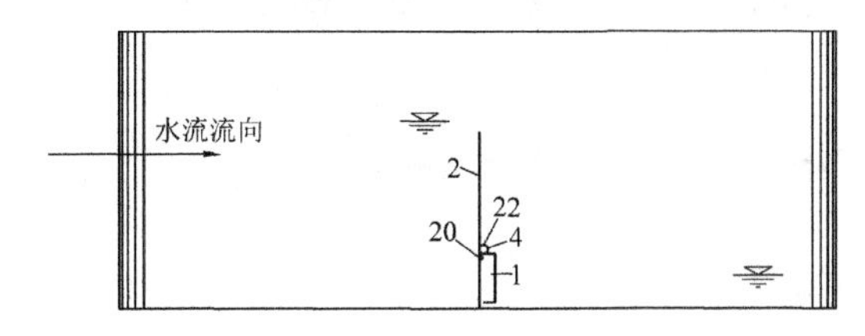

图 3-6　侧视图

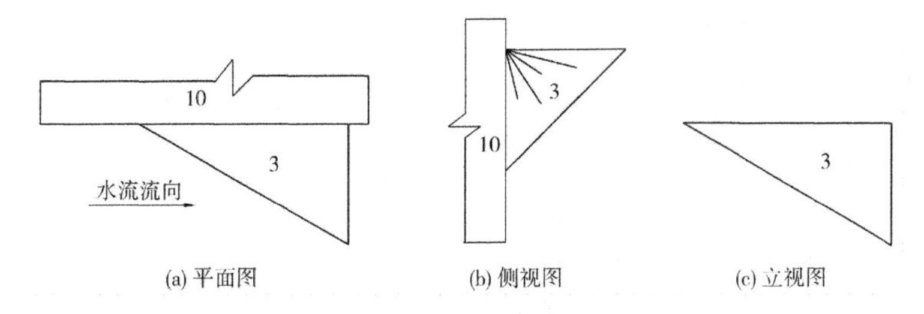

(a) 平面图　(b) 侧视图　(c) 立视图

图 3-7　闸墩牛腿结构示意图

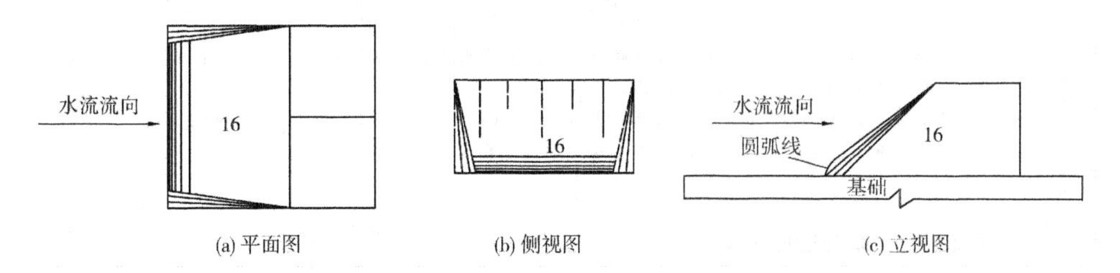

(a) 平面图　(b) 侧视图　(c) 立视图

图 3-8　闸室底板支墩结构示意图

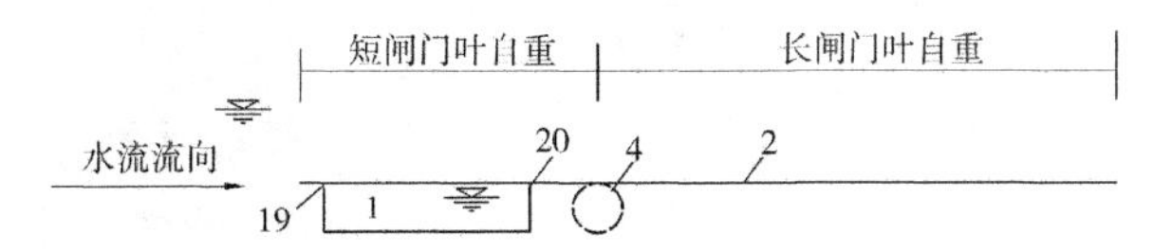

图 3-9　闸门平衡原理图

3.5 已获发明专利证书

证书号第2471178号

发明专利证书

发明名称：变配重可控水力自动定轴翻板闸门

发 明 人：谢太生

专 利 号：ZL 2015 1 0759619.5

专利申请日：2015年11月10日

专利权人：谢太生

授权公告日：2017年05月03日

本发明经过本局依照中华人民共和国专利法进行审查，决定授予专利权，颁发本证书并在专利登记簿上予以登记。专利权自授权公告之日起生效。

本专利的专利权期限为二十年，自申请日起算。专利权人应当依照专利法及其实施细则规定缴纳年费。本专利的年费应当在每年11月10日前缴纳。未按照规定缴纳年费的，专利权自应当缴纳年费期满之日起终止。

专利证书记载专利权登记时的法律状况。专利权的转移、质押、无效、终止、恢复和专利权人的姓名或名称、国籍、地址变更等事项记载在专利登记簿上。

局长
申长雨

第1页（共1页）

第4章　仁源水闸设计

4.1　工程概况

茶陵县位于湖南东部，地处东经113°20′～113°65′、北纬26°30′～27°07′，隶属株洲市，北抵长沙，南通广州，西接衡郴，东邻江西。总面积2 500 km^2，辖16个乡镇(街道)，总人口62万。古因陵谷多生茶茗而称“茶乡”，后因炎帝神农氏崩葬于“茶乡之尾”而得名“茶陵”。

近年来，茶陵县紧扣省委“四化两型”和市委“加快转型升级，奋力打造株洲发展升级版”的战略部署，围绕“奋力打造茶陵发展升级版，加快建成湘赣边界中心县”的发展目标和定位，全力“优环境、提效能、促升级”，发展“正能量”不断汇聚，发展速度明显加快，发展质量明显增强，经济社会呈现良好的发展态势。

仁源水闸地处湖南省茶陵县高陇镇仁源村二组，见图4-1。

仁源水闸门叶设计采用变配重可控水力自动定轴翻板闸门，它是仁源村二组、三组、四组、五组主要渠首取水工程，水闸左、右两岸设有灌溉进水口，进水口下游分别连接垄里灌溉引水渠和红园岭灌溉引水渠，灌溉该村7个小组共计600余亩(1亩=0.067 hm^2)农田面积，涉及800多人和700多头牲畜饮水。

灌溉引水渠道进口设置孔口进水，不设敞开式明渠：一是控制灌溉引水渠流量大小；二是减少河道漂浮物进入灌溉渠道；三是控制水闸前上游水位，在闸门顶端一定蓄水深度(如0～162.37 mm)而不开启，从而防止闸门频繁启闭，延长闸门寿命。

仁源水闸工程包括三扇闸门，三座壅水坎，四个闸墩，一座人行桥，一处消力池，下游两岸挡土墙，一套蓄水、进水和出水输水管道系统，以及特殊工况下人为控制闸门启闭系统。

经过调查研究仁源水闸工程所在地上、下游河床现场，为安全计，仁源变配重可控水力自动定轴翻板闸门作用静水头取$H=2.545$ m，计划三扇闸门，单扇闸门高度$h=2.045$ m，单扇门叶宽度$b=1.7$ m。泄洪时，河流中漂浮物可能阻塞闸门底孔，为了安全，设置壅水坎阻塞闸门底孔，不考虑底孔泄洪，闸门转轴上部面积泄洪。闸门门叶和转轴制作材料采用Q235钢。

仁源水闸工程全景图，见图4-2。

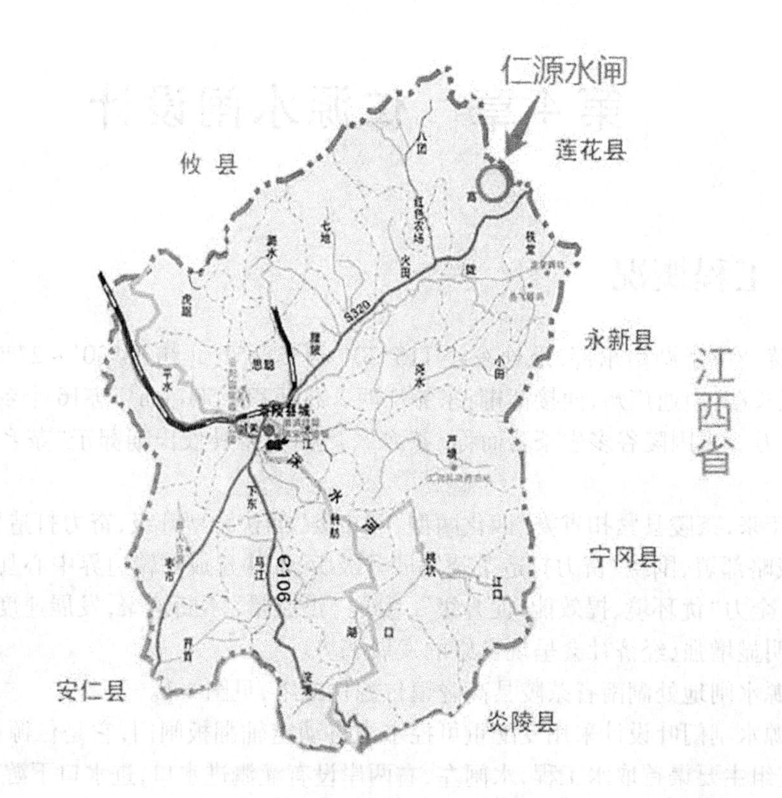

图 4-1 仁源水闸地理位置

图 4-2 仁源水闸工程全景

4.2 闸门启闭翻转设计

4.2.1 拟定闸门制作材料和尺寸

经过对湖南省茶陵县高陇镇仁源村二组对门江水文水利、地形地质和道路等情况调查,发现该地区存在以下困难:原材料需要远距离购买,价格高;土公路狭窄,特别是车辆通过河床段道路,重型车有可能下陷;当地没有大型机械设备。这些因素都会影响仁源水闸闸门规划、设计、施工和工程造价,例如只能设计小尺寸重量轻的闸门,便于搬运,采用小型车辆运输材料,工期长,加之资金有限,工程造价偏低。总之,试验条件不是很好,只能因地制宜地进行施工。

4.2.1.1 闸门制作材料确定

本次项目选用钢材制作闸门,与混凝土闸门相比,有以下优点:①钢板材质均匀,能比较准确地计算闸门运行的有关数值,避免了混凝土闸门加工制作过程中产生的许多不确定因素,减少试验返工次数,保证试验尽早成功;②钢闸门加工制作和现场安装不受外界环境影响,可以室内加工,不影响闸室其他部分工程施工,工序较少,施工简单,工期短;③所选施工队伍具有丰富的钢结构施工经验和充足的设备。

4.2.1.2 闸门轮廓尺寸拟定

闸门结构具体尺寸见图4-3~图4-5。

闸门前设有高度700 mm、长度1 700 mm、顶宽度300 mm的壅水坎,作用是抬高水位,产生跌水,冲涮闸室底板止水支墩拦住的泥沙杂物。当闸门关闭时,门叶底端止水橡皮与底板止水支墩全线接触紧贴靠拢,不留缝隙,达到止水功能。

闸门转轴支铰设置的高度一般为(0.35~0.4)H(H为门叶的设计净高度),现取为0.353 1H,即0.353 1×2 045 mm=722 mm,门叶宽度1 700 mm,转轴直径为80 mm。

闸门顶端高程必须满足引水工程枯水期的引水水位要求,达到设计引水流量,仁源水闸闸门顶端高出对门江引水渠进口底板高程200 mm。

当闸门开启至水平位置时,既要防止闸前受压水过快地进入水箱,使闸门较快关闭,同时也要保证闸门开启至水平位置时,有水进入,缓慢地增加回位关闭力矩,使闸门能够回位关闭。另外,为了便于布置闸门底止水橡皮,水箱进水口距离闸门底端距离设置为145 mm。

为了闸门叶图形设计简单、便于计算和加工,为了当闸门开启至水平位置泄流时,闸门与壅水坎之间间隙宽度为50 mm的孔流平顺,减少水流水头损失,加大水流对闸前沉淀泥沙的冲刷,故将水箱进水口净高设计为50 mm,水箱前下部设计成圆弧形。

当闸门水箱进出水时,为了使水箱及时排出或吸入空气,加快水进出水箱时间,保证闸门水箱及时增减水重作用,灵活启闭闸门,在水箱进水口对面设置通气孔。为了防止杂物堵塞通气孔,保证水箱可靠进排水,设置较多通气孔,本次设置13个边长为20 mm的正方形通气孔。

由于设置了闸墩侧面止水支墩,当闸门旋转启闭时,防止闸门水箱侧面被闸墩侧面止

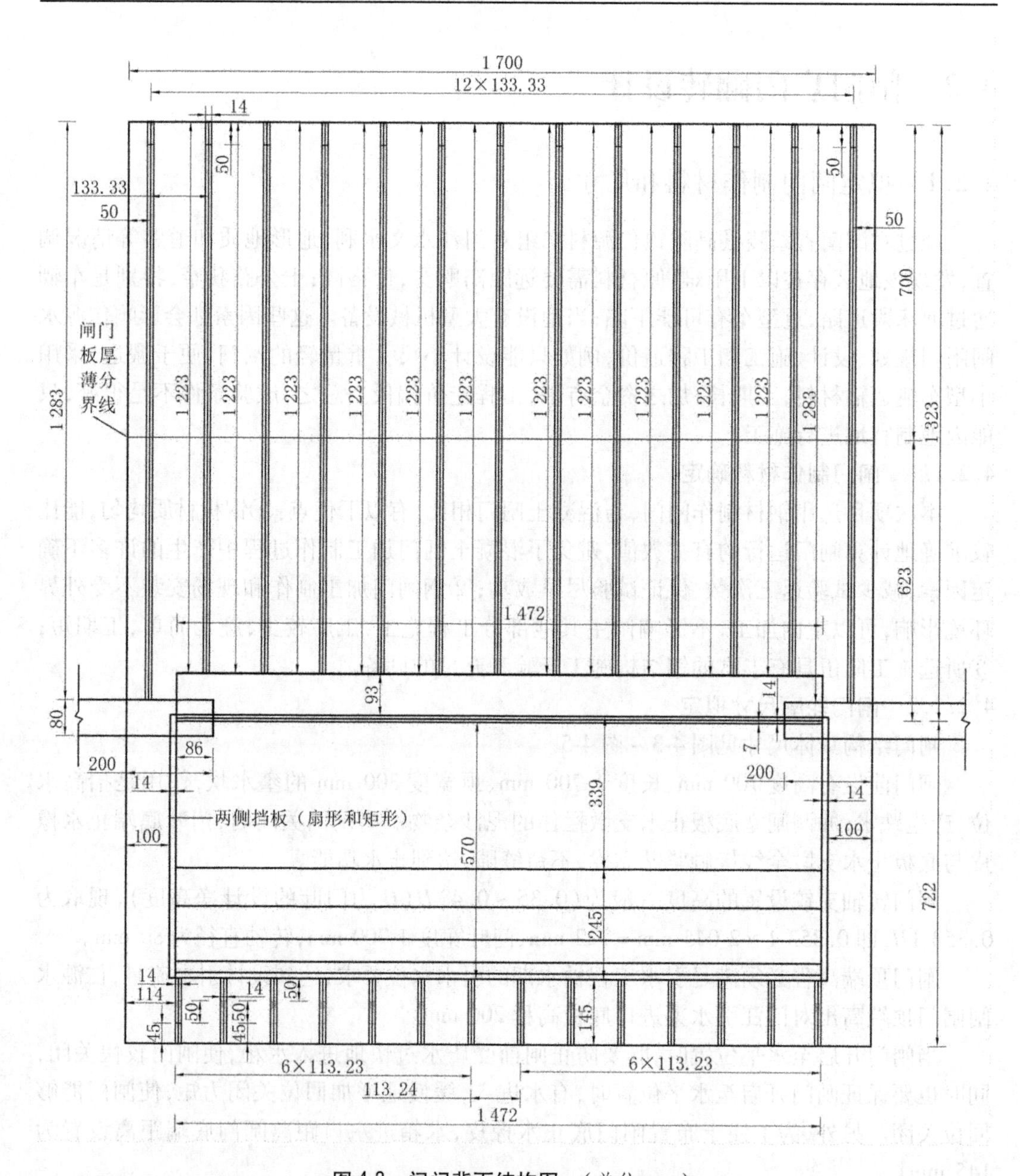

图 4-3　闸门背面结构图　（单位:mm）

水支墩摩擦卡住，消除闸门水箱侧面摩擦力矩，水箱两侧面比闸门对应底部门叶侧边各缩短 100 mm。

钢板闸门叶厚度根据强度和刚度要求确定，另外预留锈蚀厚度，延长闸门使用寿命。转轴端部止水设计，采用转轴与闸墩侧壁的石墨或橡皮填料函，防漏水。

4.2.2 闸门受力分析

由于闸门启闭翻转过程中，旋转速度快，且目前没有观测仪器设备，闸门前上游水流有突变，较复杂，因此闸门启闭翻转过程中受力分析暂不予考虑。本项目仅分析计算下面

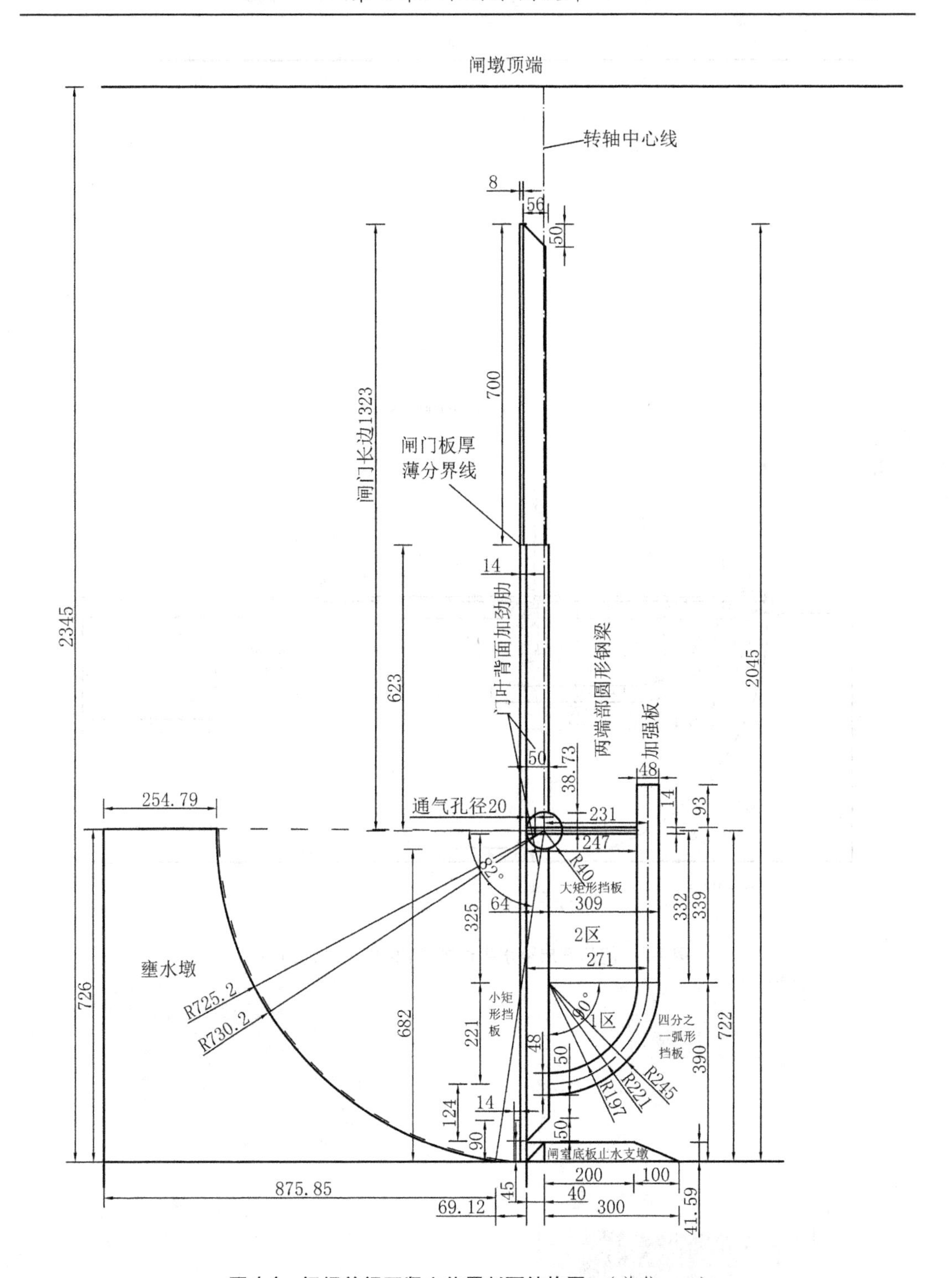

图4-4 闸门关闭至竖立位置剖面结构图 (单位:mm)

两种闸门启闭翻转受力的特殊情形:①闸门开启至水平状态即将回位关闭,见图4-6;②闸门关闭至竖立状态即将打开旋转开启,见图4-7。

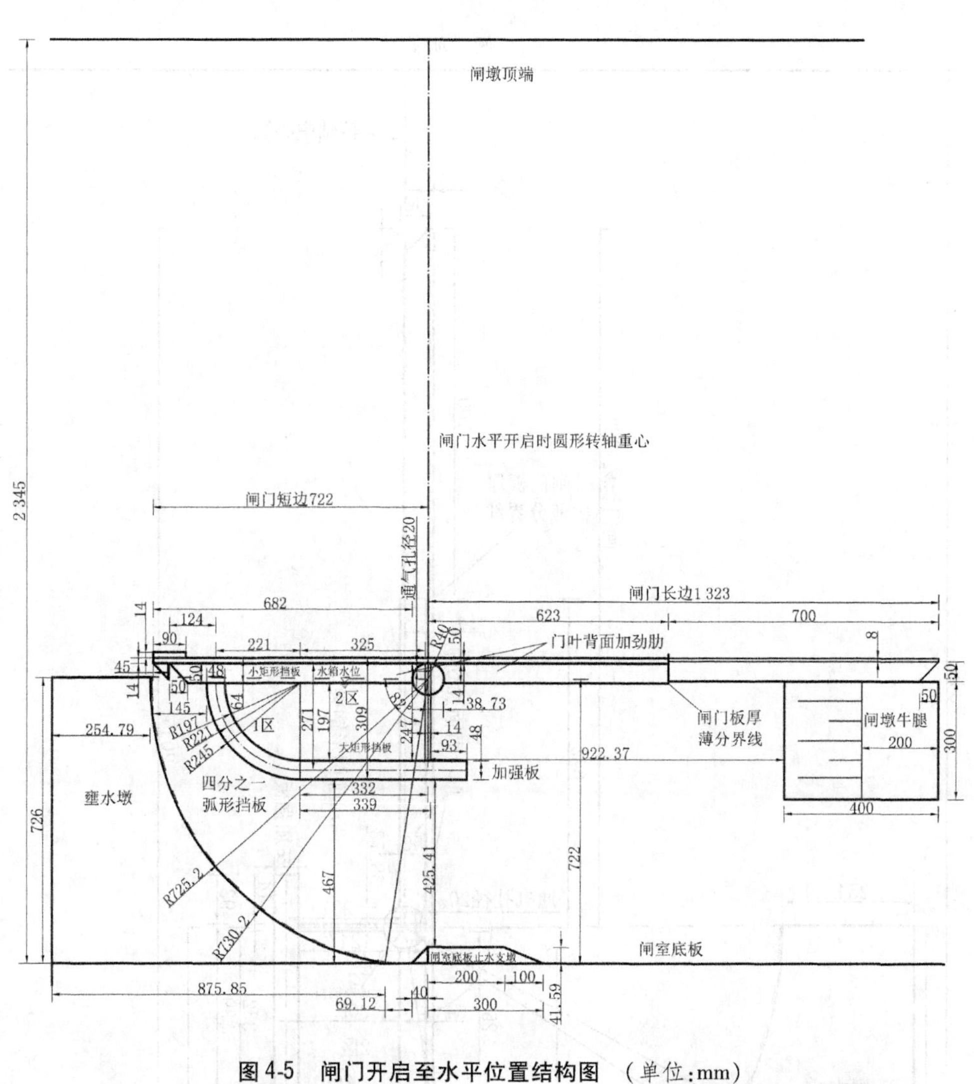

图 4-5　闸门开启至水平位置结构图　（单位：mm）

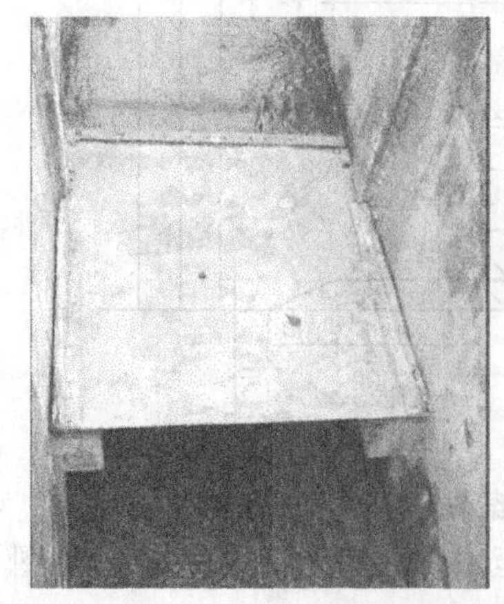

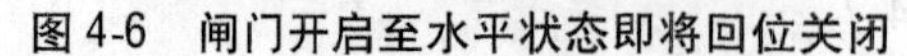

图 4-6　闸门开启至水平状态即将回位关闭　　图 4-7　闸门关闭至竖立状态即将打开旋转开启

4.2.2.1 闸门开启至水平状态回位关闭旋转弯矩分析

计算所需要图形、简单形体的重心及弧长(面积)计算公式见表4-1。

表4-1 圆弧和扇形重心及弧长(面积)计算公式

图形名称	图形	重心公式	弧长(面积)公式
圆弧		$x_c = \frac{R\sin\alpha}{\alpha}$($\alpha$以弧度计) 半圆弧$\left(\alpha = \frac{\pi}{2}\right)$,$x_c = \frac{2R}{\alpha}$	弧长 $l = 2\alpha R$
扇形		$x_c = \frac{2R\sin\alpha}{3\alpha}$($\alpha$以弧度计) 半圆面$\left(\alpha = \frac{\pi}{2}\right)$,$x_c = \frac{4R}{3\alpha}$	面积 $A = \alpha R^2$

闸门处于开启至水平状态结构尺寸时(见图4-5),闸门迎水面水位为零。

为了加快设计进度,减少计算工作量,在保证绘图正确的前提条件下,严格按比例绘制CAD图,下面许多数据都可以通过CAD工具查询功能得到。

为了计算过程清晰明了,人为地将闸门开启至水平位置,见图4-5,以通过转轴圆心的铅垂线为界,将闸门门叶区分为短边和长边计算。

1. 以闸门转轴为界,闸门短边受力分析

1)水箱水重产生的力矩计算

(1)1区。

水重重心:

$$x_c = \frac{2R}{3\alpha}\sin\alpha\cos\alpha + l$$

$$= \frac{2\times197}{3\times\left(\frac{\pi}{180}\times\frac{90}{2}\right)}\sin\left(\frac{\pi}{180}\times\frac{90}{2}\right)\cos\left(\frac{\pi}{180}\times\frac{90}{2}\right) + 332 = 415.6(\text{mm})$$

面积:
$$A = \frac{R^2\pi}{180}\times\frac{\alpha}{2} = \frac{197^2\pi}{180}\times\frac{90}{2} = 30\,480.52(\text{mm}^2)$$

重量:

$$G = AL\gamma = 30\,480.52\times1\,472\times1\,000\times9.8\times10^{-9} = 439.70(\text{N})$$

(2)2区。

水重重心：　$x_c = \frac{1}{2}b + l = \frac{1}{2} \times 325 + 7 = 169.5(\text{mm})$

面积：　$A = b \times h = 325 \times 197 = 64\ 025(\text{mm}^2)$

重量：

$$G = AL\gamma = 64\ 025 \times 1\ 472 \times 1\ 000 \times 9.8 \times 10^{-9} = 923.60(\text{N})$$

由于水箱开了高度为50 mm的通水孔，闸门处于完全水平开启状态时，孔口以上高度水箱的水会流出，无法蓄水，不产生水重量力矩。

2）水箱自重产生的力矩计算

（1）四分之一弧形。

重心：

$$x_c = \frac{R}{\alpha}\sin\alpha\cos\alpha + l = \frac{221}{\left(\frac{\pi}{180} \times \frac{90}{2}\right)}\sin\left(\frac{\pi}{180} \times \frac{90}{2}\right)\cos\left(\frac{\pi}{180} \times \frac{90}{2}\right) + 332$$

$$= 472.7(\text{mm})$$

面积：

$$A = 弧长 \times 弧厚度 = 221 \times 2 \times \pi \times \frac{90}{360} \times 48 = 16\ 663.01(\text{mm}^2)$$

重量：

$$G = AL\gamma = 16\ 663.01 \times 1\ 472 \times 7\ 850 \times 9.8 \times 10^{-9} = 1\ 886.93(\text{N})$$

（2）339 mm水箱板。

重心：　$x_c = \frac{l}{2} - b = \frac{339}{2} - 7 = 162.5(\text{mm})$

面积：　$A = l\delta = 339 \times 48 = 16\ 272(\text{mm}^2)$

重量：

$$G = AL\gamma = 16\ 272 \times 1\ 472 \times 7\ 850 \times 9.8 \times 10^{-9} = 1\ 842.66(\text{N})$$

（3）水箱两侧挡板（为计算方便，分为扇形板和矩形板）。

①一块扇形板。

重心：

$$x_c = \frac{2R}{3\alpha}\sin\alpha\cos\alpha + l = \frac{2 \times 245}{3 \times \left(\frac{\pi}{4}\right)}\sin\left(\frac{\pi}{4}\right)\cos\left(\frac{\pi}{4}\right) + 332 = 436.0(\text{mm})$$

面积：

$$A = \frac{R^2\pi}{4} = \frac{245^2\pi}{4} = 47\ 143.52(\text{mm}^2)$$

重量：

$$G = AL\gamma = 47\ 143.52 \times 7\ 850 \times 9.8 \times 10^{-9} = 50.77(\mathrm{N})$$

②一块大矩形板。

重心：

$$x_c = \frac{l}{2} - b = \frac{339}{2} - 7 = 162.5(\mathrm{mm})$$

面积：

$$A = l\delta = 339 \times 309 = 104\ 751(\mathrm{mm}^2)$$

重量：

$$G = AL\gamma = 104\ 751 \times 14 \times 7\ 850 \times 9.8 \times 10^{-9} = 112.82(\mathrm{N})$$

③一块小矩形板。

重心：

$$x_c = \frac{l}{2} + b = \frac{245}{2} + 332 = 454.5(\mathrm{mm})$$

面积：

$$A = l\delta = 245 \times 50 = 12\ 250(\mathrm{mm}^2)$$

重量：

$$G = AL\gamma = 12\ 250 \times 14 \times 7\ 850 \times 9.8 \times 10^{-9} = 13.19(\mathrm{N})$$

注意：左、右各有一块挡板。

3）722 mm短板闸门门叶自重产生的力矩计算

重心：

$$x_c = \frac{l}{2} = \frac{722}{2} = 361(\mathrm{mm})$$

面积：

$$A = l\delta = 722 \times 14 = 10\ 108(\mathrm{mm}^2)$$

重量：

$$G = AL\gamma = 10\ 108 \times 1\ 700 \times 7\ 850 \times 9.8 \times 10^{-9} = 1\ 321.93(\mathrm{N})$$

4）两侧止水橡皮摩擦力矩计算

为了减少闸门启闭摩擦阻力，采取以下两种方法：一是通过闸门运转受力分析，施工时，闸墩侧面必须加工制作平整光滑，尺寸满足设计要求，止水橡皮制作安装规范；二是缩短闸门止水橡皮与闸墩接触长度和宽度（宽度缩短与止水橡皮接触闸墩面积有关，一般不减小，缩短长度可行），闸门从关闭状态起始旋转一定角度以后，闸墩侧面稍加收缩，启闭闸门旋转时，不使止水橡皮贴紧闸墩，缩短闸门止水橡皮刮擦路径，减少止水橡皮磨损。

止水橡皮采用P45－A，考虑施工技术工艺有偏差，本次设计取偏大值，绝对变形量取6 mm，单位压缩力为5.3 N/mm。

单侧闸门门叶转轴短边与闸墩接触长度200 mm,单侧橡皮摩擦力：

$$T = Ff = 5.3 \times (200 - 40) \times 0.7 = 593.6(\text{N})$$

单侧橡皮摩擦力产生的相应弯矩：

$$M_{上} = (\frac{l}{2} + 40)T = (\frac{200 - 40}{2} + 40) \times 593.6 = 71\ 232(\text{N} \cdot \text{mm}) = 7.27\ \text{kg} \cdot \text{m}$$

两侧止水橡皮摩擦力矩：

$$M_{上} = 2 \times 71\ 232 = 142\ 464(\text{N} \cdot \text{mm}) = 14.54\ \text{kg} \cdot \text{m}$$

为了彻底消除止水橡皮摩擦力,采取以下办法:①闸门关闭时,上游水压作用于门叶侧面和底面,采取门叶止水橡皮分别紧贴闸墩侧墙止水支墩和闸室底板止水支墩的止水办法;②闸门门叶侧面和底端分别与闸墩侧面和闸室底板接触预留间隙20 mm,不相接触。这样完全消除了门叶与闸墩和闸室底板接触处的摩擦力矩。

5)14块加劲肋自重产生的力矩计算

重心：

$$x_c = \frac{l}{2} = \frac{(777 - 100 - 50 - 50/2 - 40)}{2} + 40 = 321(\text{mm})$$

14块面积：

$$A = 14lh = 14 \times (777 - 100 - 50 - 50/2 - 40) \times 50 = 393\ 400(\text{mm}^2)$$

其重量：

$$G = A\delta\gamma = 393\ 400 \times 50 \times 14 \times 7\ 850 \times 9.8 \times 10^{-9} = 423.70(\text{N})$$

6)水箱受到上游水平静水(其实是动水,因为没有仪器观测,暂时只考虑静水作用)压力力矩计算

重心：

$$x_c = 309 \times \frac{2}{3} - 14 - 40 = 152(\text{mm})$$

水平静水压：

$$309 \times \frac{1}{2} \times 309 \times 1\ 000 \times 9.8 \times 10^{-9} \times (1\ 472 + 14 + 14) = 701.79(\text{N})$$

力矩：

$$M = 10\ 6671.37\ \text{N} \cdot \text{mm}$$

7)闸门底部配重力矩计算

重心：

$$x_c = 722 - \frac{90}{2} = 677(\text{mm})$$

面积：

$$A = 1\ 472 \times 14 = 20\ 608(\text{mm}^2)$$

重量：

$$G = A\delta\gamma = 20\ 608 \times 90 \times 7.69 \times 10^{-5} = 142.68(\mathrm{N})$$

2. 以闸门转轴为界，闸门长边受力分析

1）闸门门叶矩形板

（1）下端厚部。

重心：

$$x_c = \frac{l}{2} = \frac{623}{2} = 311.5(\mathrm{mm})$$

面积：

$$A = l\delta = 623 \times 14 = 8\ 722(\mathrm{mm}^2)$$

重量：

$$G = AL\gamma = 8\ 722 \times 1\ 700 \times 7\ 850 \times 9.8 \times 10^{-9} = 1\ 140.67(\mathrm{N})$$

（2）上端薄部。

重心：

$$x_c = 700/2 + 623 = 973(\mathrm{mm})$$

面积：

$$A = l\delta = 700 \times 8 = 5\ 600(\mathrm{mm}^2)$$

重量：

$$G = AL\gamma = 5\ 600 \times 1\ 700 \times 7\ 850 \times 9.8 \times 10^{-9} = 732.37(\mathrm{N})$$

2）加强板

矩形板重心：

$$x_c = \frac{b}{2} + 7 = \frac{93}{2} + 7 = 53.5(\mathrm{mm})$$

矩形板面积：

$$A = b\delta = 93 \times 48 = 4\ 464(\mathrm{mm}^2)$$

矩形板重量：

$$G = AL\gamma = 4\ 464 \times 1\ 472 \times 7\ 850 \times 9.8 \times 10^{-9} = 505.51(\mathrm{N})$$

3）两侧止水橡皮摩擦力

止水橡皮采用P45－A，考虑施工技术工艺有偏差，本次设计取偏大值，绝对变形量取6 mm，单位压缩力为5.3 N/mm。

单侧闸门门叶转轴短边与闸墩接触长度200 mm，单侧橡皮摩擦力：

$$T = Ff = 5.3 \times (200 - 40) \times 0.7 = 593.6(\mathrm{N})$$

单侧橡皮摩擦力产生的相应弯矩：

$$M_{上}=(\frac{l}{2}+40)T=(\frac{200-40}{2}+40)\times593.6=71\ 232(\text{N}\cdot\text{mm})=7.27\ \text{kg}\cdot\text{m}$$

两侧止水橡皮摩擦力矩：

$$M_{上}=2\times71\ 232=142\ 464(\text{N}\cdot\text{mm})=14.54\ \text{kg}\cdot\text{m}$$

4)13 块加劲肋自重产生的力矩计算

(1)下端厚部。

重心：

$$x_{c}=331.5\ \text{mm}$$

面积：

$$A=378\ 950\ \text{mm}^2$$

重量：

$$G=A\delta\gamma=408.14\ \text{N}$$

(2)上端薄部。

重心：

$$x_{c}=960.5\ \text{mm}$$

面积：

$$A=455\ 000\ \text{mm}^2$$

重量：

$$G=A\delta\gamma=280.03\ \text{N}$$

5)转轴两端与闸墩填料函摩擦力矩

由表 4-2 知闸门门叶自重 9 412.28 N。

(1)转轴受到闸门上游水平水压力：

$$F_{水平}=701.79\ \text{N}$$

(2)转轴两端所受钢板闸门自重竖向剪力：

$$Q_{竖向}=9\ 287.10+1\ 363.30=10\ 650.40(\text{N})$$

(3)合力计算：

$$F_{合力}=\sqrt{10\ 650.40^2+701.79^2}=10\ 673.50(\text{N})$$

(4)转轴摩擦力：

$$F_{摩擦力}=fF_{合力}=0.5\times10\ 673.50=5\ 336.75(\text{N})$$

闸门开启至水平状态即将回位关闭弯矩分析,见表 4-2。

表 4-2　闸门开启至水平状态即将回位关闭弯矩分析

序号	区域名称	半径(mm)	π	角度(弧度)	钢板厚度(mm)	面积(mm²)	长度(mm)	体积(mm³)	容重(N/mm³)	重量(N)	重心(mm)	力矩(N·mm)	备注
	一、以闸门转轴为界,闸门短边受力分析												
1	水箱扇形区域 1 水重	197	3.14	0.79		30 481	1 472	44 867 321	0.000 009 8	439.70	415.6	182 743.35	左旋弯矩为正
2	水箱 325 mm 矩形区水重	197	325		14	64 025	1 472	94 244 800	0.000 009 8	923.60	169.5	156 550.04	左旋弯矩为正
小计								139 112 121	0.000 009 8	1 363.30			
		半径(mm)	π	角度(°)									
1	水箱四分之一弧形钢板	221	3.14	90	48	16 663	1 472	24 527 947	0.000 076 9	1 886.93	472.7	891 940.88	左旋弯矩为正
2	722 mm 短板钢闸门	高度(mm)	宽度(mm)										
		14	722		14	10 108	1 700	17 183 600	0.000 076 9	1 321.93	361.0	477 218.30	左旋弯矩为正
3	339 mm 水箱钢板	48	339		48	16 272	1 472	23 952 384	0.000 076 9	1 842.66	162.5	299 431.75	左旋弯矩为正
4	水箱左侧挡板扇形板	半径(mm)	π	角度(弧度)									
		245	3.14	0.79	14	47 144	14	660 009	0.000 076 9	50.77	436.0	22 136.74	左旋弯矩为正
5	水箱左侧挡板大矩形板	高度(mm)	宽度(mm)										
		309	339		14	104 751	14	1 466 514	0.000 076 9	112.82	162.5	18 333.07	左旋弯矩为正
6	水箱左侧挡板小矩形板	50	245		14	12 250	14	171 500	0.000 076 9	13.19	454.5	5 996.44	左旋弯矩为正
7	水箱右侧挡板扇形板	半径(mm)	π	角度(弧度)									
		245	3.14	0.79	14	47 143	14	660 009	0.000 076 9	50.77	436.0	22 136.74	左旋弯矩为正
8	水箱右侧挡板大矩形板	高度(mm)	宽度(mm)										
		309	339		14	104 751	14	1 466 514	0.000 076 9	112.82	162.5	18 333.07	左旋弯矩为正
9	水箱右侧挡板小矩形板	50	245		14	12 250	14	171 500	0.000 076 9	13.19	454.5	5 996.44	左旋弯矩为正
10	止水橡皮摩擦力					偏安全考虑计算一点摩擦力矩,采取减摩擦力止水措施后,摩擦力矩可忽略						−142 464.00	右旋弯矩为负
				块数 n	改变加劲肋厚度求平衡								
11	14 块加劲肋	562	50	14	14	393 400		5 507 600	0.000 076 9	423.70	321.0	136 007.59	左旋弯矩为正
12	水箱受到上游水平静水压力	309				47 740	1 500	71 610 750	0.000 009 8	701.79	152.0	106 671.37	左旋弯矩为正
	闸门水箱外侧加配重计算	配重长度(mm)	配重厚度(mm)	配重宽度(mm)	根数 n		重量(N)	折算重量(斤)	材料容重(N/mm³)		力臂(mm)	力矩(N·mm)	
13		1 472	14	90	1		142.68	29.09	0.000 076 9		677.0	96 596.80	左旋弯矩为正

续表 4-2

序号	区域名称	半径(mm)	π	角度(弧度)	钢板厚度(mm)	面积(mm^2)	长度(mm)	体积(mm^3)	容重(N/mm^3)	重量(N)	重心(mm)	力矩(N·mm)	备注
	二、以闸门转轴为界，闸门长边受力分析												
		高度(mm)	长度(mm)			面积(mm^2)	宽度(mm)						
14	闸门门叶矩形板下端部	14	623			8 722	1 700	14 827 400	0.000 076 9	1 140.67	311.5	−355 319.29	右旋弯矩为负
15	闸门门叶矩形板上端部	8	700			5 600	1 700	9520 000	0.000 076 9	732.37	973.0	−712 599.51	
16	加强板	48	93			4 464	1 472	6 571 008	0.000 076 9	505.51	53.5	−27 044.66	右旋弯矩为负
17	止水橡皮摩擦力					偏安全考虑计算一点摩擦力矩，采取减摩擦力止水措施后，摩擦力矩可忽略						−142464.00	右旋弯矩为负
		长度(mm)	高度(mm)	块数 n	厚度(mm)								
18	13 块加劲肋	700	50	13	8	455 000		3 640 000	0.000 076 9	280.03	960.5	−268 964.20	右旋弯矩为负
19		583	50	13	14	378 950		5 305 300	0.000 076 9	408.14	331.5	−135 297.33	右旋弯矩为负
	闸门转轴摩擦力矩	转轴半径(mm)	闸门蓄水转轴两端所受合力(N)	摩擦系数	滑动摩擦力(N)				门叶自重	9 412.28	力臂(mm)		
20		40	10 673.50	0.5	5 336.75						40.0	−213 469.94	右旋弯矩为负
21	T 形腹板	14	247			3 458	1 472	5 090 176	0.000 076 9	391.59	0.0	0.00	
		配重长度(mm)	配重厚度(mm)	配重宽度(mm)	根数 n				材料容重(N/mm^3)	重量(N)	力臂(mm)	力矩(N·mm)	
22	闸门板底部配重计算	1 472	14	90	0				0.000 076 9	0	677.0	0.00	左旋弯矩为正
总计									门叶自重(N)	9 287.10		442 469.65	
	差值必须大于零，而且必须大到克服止水橡皮摩擦力矩，闸门才可以回位。实际闸门工程加工、安装过程中，总有意想不到的误差或者其他情况出现，安装前先用两支点搁置转轴两端，看闸门是否倾向上游，这样测试一下，再安装，容易保证一次性安装成功，避免返工，造成不必要的浪费										力矩折算(kg·m)	45.15	大于0
												试验证明此力矩越大越好，便于闸门回位	

3. 计算结论

闸门开启至水平状态时,采用消除摩擦力止水支墩结构设计,不存在止水橡皮摩擦力矩,但为了安全,还是计算两侧止水橡皮摩擦力矩142 464 N·mm,见表4-2。经计算,总计力矩为442 469.65 N·mm=45.15 kg·m,大于零,闸门能够自动回位翻转关闭。

4.2.2.2　闸门关闭至竖立状态开启弯矩分析

闸门处于关闭至竖立状态,结构尺寸见图4-3、图4-4。

为了加快设计进度,减少计算工作量,在保证绘图正确的前提条件下,严格按比例绘制CAD图,下面许多数据都可以通过CAD工具查询功能得到。

为了计算过程清晰明了,人为地将闸门关闭至竖立位置,见图4-3、图4-4,以转轴圆心铅垂线为界,将闸门门叶所受力矩分为左旋或者右旋计算。

1. 闸门竖立关闭状态所受旋转弯矩分析

为了减少上游闸门门叶自重产生过大阻止闸门翻转力矩,在布置闸门门叶与转轴位置时,两端圆形转轴靠近上游闸板布置。

1)水箱水重

由于开了高度50 mm、宽度1 192 mm[注:1 472－14×20=1 192(mm)]的通水孔,闸门处于竖立关闭状态时,水箱孔口朝下,水全部泄干净,无法蓄水,水箱无水重作用力矩。

2)水箱自重

(1)四分之一弧形水箱钢板。

重心:

$$x_c = \frac{R\sin^2\alpha}{\alpha} + l = \frac{221}{\left(\frac{\pi}{180} \times \frac{90}{2}\right)}\sin^2\left(\frac{\pi}{180} \times \frac{90}{2}\right) + 10$$

$$= 150.69(\text{mm})(\text{力矩右旋})$$

面积:

$$A = \text{弧长} \times \text{弧厚度} = 221 \times 2 \times \pi \times \frac{90}{360} \times 48 = 16\ 663.01(\text{mm}^2)$$

其重量:

$$G = AL\gamma = 16\ 663.01 \times 1\ 472 \times 7\ 850 \times 9.8 \times 10^{-9} = 1\ 886.93(\text{N})$$

(2)339 mm水箱板,339 mm(从CAD图中量取)翼缘(右旋)。

339 mm翼缘板重心:

$$x_c = l = 231\ \text{mm}$$

其面积:

$$A = bh = 48 \times 339 = 16\ 272(\text{mm}^2)$$

其重量:

$$G = AL\gamma = 16\ 272 \times 1\ 472 \times 7\ 850 \times 9.8 \times 10^{-9} = 1\ 842.66(\text{N})$$

3)2 045 mm整板闸门(分为薄部板和厚部板计算)

(1)薄部板。

重心:

$$x_c=\frac{\delta}{2}+R+6=\frac{8}{2}+40+6=50(\mathrm{mm})$$

面积：

$$A=l\delta=700\times 8=5\ 600(\mathrm{mm}^2)$$

重量：

$$G=AL\gamma=5\ 600\times 1\ 700\times 7\ 850\times 9.8\times 10^{-9}=732.37(\mathrm{N})$$

(2)厚部板。

重心：

$$x_c=\frac{\delta}{2}+R=\frac{14}{2}+40=47(\mathrm{mm})$$

面积：

$$A=l\delta=1\ 345\times 14=18\ 830(\mathrm{mm}^2)$$

重量：

$$G=AL\gamma=18\ 830\times 1\ 700\times 7\ 850\times 9.8\times 10^{-9}=2\ 462.61(\mathrm{N})$$

4)T 形梁

(1)T 形腹板。

重心：

$$x_c=\frac{l}{2}-R=\frac{247}{2}-40=83.5(\mathrm{mm})(右旋)$$

面积：

$$A=bh=247\times 14=3\ 458(\mathrm{mm}^2)$$

重量：

$$G=AL\gamma=3\ 458\times 1\ 472\times 7\ 850\times 9.8\times 10^{-9}=391.59(\mathrm{N})$$

(2)加强板,93 mm(从 CAD 图中量取)翼缘(右旋)。

93 mm 翼缘板重心：

$$x_c=l=231\ \mathrm{mm}$$

其面积：

$$A=bh=48\times 93=4\ 464(\mathrm{mm}^2)$$

其重量：

$$G=AL\gamma=4\ 464\times 1\ 472\times 7\ 850\times 9.8\times 10^{-9}=505.51(\mathrm{N})$$

5)门叶背面加劲肋(为计算方便,分为上、下两部分考虑)。

(1)转轴上部又根据门叶板厚度分为薄板和厚板。

①8 mm 厚薄板。

加劲肋重心：

$$x_c=R-\frac{50}{2}+6=40-\frac{50}{2}+6=21(\mathrm{mm})(左旋)$$

转轴上端 13 块加劲肋面积：

$$A=nbh=13\times 700\times 50=455\ 000(\mathrm{mm}^2)$$

其重量：

$$G = AL\gamma = 455\ 000 \times 8 \times 7\ 850 \times 9.8 \times 10^{-9} = 280.03(\text{N})$$

②14 mm 厚厚板。

上、下块加劲肋重心：

$$x_c = R - \frac{50}{2} = 40 - \frac{50}{2} = 15(\text{mm})(\text{左旋})$$

转轴上端 13 块加劲肋面积：

$$A = nbh = 13 \times 50 \times 558 = 362\ 700(\text{mm}^2)$$

其重量：

$$G = AL\gamma = 362\ 700 \times 14 \times 7\ 850 \times 9.8 \times 10^{-9} = 390.64(\text{N})$$

(2)转轴下端 14 块加劲肋面积：

$$A = nbh = 14 \times 50 \times (777 - 100 - 50 - 50/2 - 40) = 393\ 400(\text{mm}^2)$$

重心：

$$x_c = 15\ \text{mm}$$

重量：

$$G = AL\gamma = 393\ 400 \times 20 \times 7\ 850 \times 9.8 \times 10^{-9} = 423.70(\text{N})$$

6)水箱两侧挡板(扇形板和矩形板)(可能右旋)

(1)一块扇形板。

重心：$x_c = \dfrac{2R}{3\alpha}\sin\alpha\cos\alpha + l = \dfrac{2 \times 245}{3 \times \left(\dfrac{\pi}{4}\right)}\sin\left(\dfrac{\pi}{4}\right)\cos\left(\dfrac{\pi}{4}\right) + 10 = 113.98(\text{mm})$

面积：

$$A = \frac{R^2\pi}{4} = \frac{245^2\pi}{4} = 47\ 143.52(\text{mm}^2)$$

(2)一块大矩形板。

重心：

$$x_c = \frac{\delta}{2} - l = \frac{309}{2} - 54 = 100.5(\text{mm})$$

面积：

$$A = l\delta = 339 \times 309 = 104\ 751(\text{mm}^2)$$

重量：

$$G = AL\gamma = 104\ 751 \times 14 \times 7\ 850 \times 9.8 \times 10^{-9} = 112.82(\text{N})$$

(3)水箱挡板小矩形板。

重心：

$$x_c = 15\ \text{mm}$$

面积：

$$A = bh = 50 \times 245 = 12\ 250(\text{mm}^2)$$

重量：

$$G = AL\gamma = 12\ 250 \times 14 \times 7\ 850 \times 9.8 \times 10^{-9} = 13.19(\text{N})$$

注意：左、右侧各有一块挡板。

7）闸门上游蓄满水（深度 h = 2 207.37 mm）水压

满水水压力：

$$F_{总} = l(h_1 + h_2)h\gamma/2$$

$$= (2\ 207.37 + 162.37) \times 2\ 045/2 \times 1\ 000 \times 9.8 \times 10^{-9} \times 1700 = 40\ 368.32(\text{N})$$

为了方便计算力臂，分为三角形和矩形计算，见图 4-8。

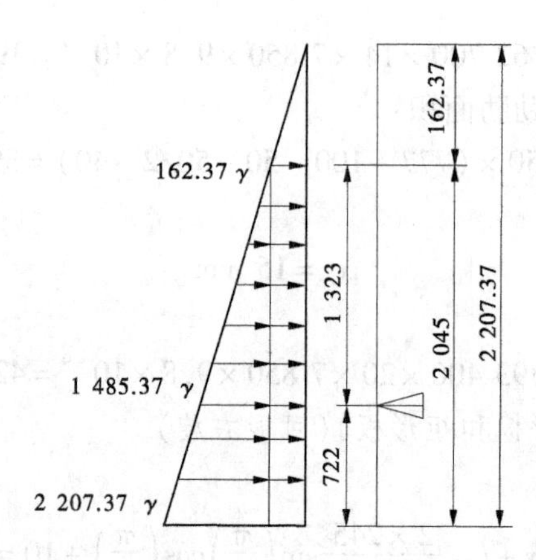

图 4-8 闸门上游蓄满水（h = 2 207.37 mm）水压计算示意图 （单位：mm）

三角形水平水压力：

$$F_1 = 2\ 045 \times 2\ 045 \times 1\ 000 \times 9.8 \times 10^{-9} \times \frac{1}{2} \times 1\ 700 = 34\ 836.27(\text{N})$$

三角形水平水压力重心：

$$l = -40.33\ \text{mm}(负值左旋)$$

矩形水平水压力：

$$F_2 = (2\ 207.37 - 2\ 045) \times 1\ 000 \times 9.8 \times 10^{-9} \times 2\ 045 \times 1\ 700 = 5\ 532.05(\text{N})$$

矩形水平水压力重心：

$$l = 300.5\ \text{mm}(正值右旋)$$

8）闸门底部配重力矩计算

重心：

$$x_c = -(40 + 14 + 14/2) = -61(\text{mm})$$

面积：

$$A = 1\ 472 \times 14 = 20\ 608(\text{mm}^2)$$

重量：

$$G = A\delta\gamma = 20\ 608 \times 90 \times 7.693 \times 10^{-5} = 142.68(\text{N})$$

9）转轴两端与闸墩填料函摩擦力矩

由表 4-2 知闸门门叶自重 9 412.28 N。

（1）转轴受到闸门上游水平水压力：

$$F_{水平}=40\ 368.32\ \text{N}$$

(2)转轴两端所受钢板闸门自重竖向剪力：

$$Q_{竖向}=9\ 412.28\ \text{N}$$

(3)合力计算：

$$F=\sqrt{F_{水平}^2+Q_{竖向}^2}=\sqrt{40\ 368.32^2+9\ 412.28^2}=41\ 451.09(\text{N})$$

(4)转轴摩擦力：

$$F_{摩擦力}=fF_{合力}=0.5\times 41\ 451.09=20\ 725.55(\text{N})$$

10)止水橡皮摩擦力矩计算

分为两部分：闸门两侧止水橡皮摩擦力矩和闸门底端止水橡皮摩擦力矩。

(1)闸门两侧止水橡皮摩擦力矩(见图 4-9)。

图 4-9　闸门两侧止水橡皮

闸门门叶转轴上部分橡皮摩擦力(高度为 1 323 mm)：

$$T=Ff=5.3\times(1\ 323-40)\times 0.7=4\ 759.93(\text{N})$$

产生的相应弯矩：

$$M_{上}=lT=\left(\frac{1\ 323-40}{2}+40\right)\times 4\ 759.93=3\ 243\ 892.30(\text{N}\cdot\text{mm})$$

$$=331.01(\text{kg}\cdot\text{m})(左旋)$$

闸门门叶转轴下部分橡皮摩擦力(高度为 722 mm)：

$$T=Ff=5.3\times(722-40)\times 0.7=2\ 530.22(\text{N})$$

产生的相应弯矩：

$$M_{下}=lT=\left(\frac{722-40}{2}+40\right)\times 2\ 530.22=964\ 013.82(\text{N}\cdot\text{mm})$$

$$=98.37(\text{kg}\cdot\text{m})(左旋)$$

止水橡皮摩擦力矩总计为

$$3\ 243\ 892.30+964\ 013.82=4\ 207\ 906.12\ (\text{N}\cdot\text{mm})(\text{左旋})$$

闸门两侧止水橡皮摩擦力矩总计为

$$2\times4\ 207\ 906.12=8\ 415\ 812.24(\text{N}\cdot\text{mm})=858.76\ \text{kg}\cdot\text{m}(\text{左旋})$$

(2)闸门底端止水橡皮摩擦力矩。

闸门底端橡皮摩擦力(长度 1 700 mm):

$$T=Ff=5.3\times1\ 700\times0.7=6\ 307(\text{N})$$

产生的相应弯矩:

$$M_{\text{下}}=lT=722\times6\ 307=4\ 553\ 654(\text{N}\cdot\text{mm})=464.66\ \text{kg}\cdot\text{m}(\text{左旋})$$

止水橡皮摩擦力矩计算结果表明:闸门侧面布置止水橡皮摩擦力矩数值较大,会阻止闸门翻转,且闸门上游河流来水量经常发生变化,自动翻板闸门会频繁翻转启闭,采用闸门侧面布置止水橡皮,容易磨损。

为了消除闸门旋转产生的摩擦力矩,在闸墩侧面、底板设置止水支墩,见图 4-10 ~ 图 4-12,而闸室底板支墩高于闸室底板,容易拦住泥沙和杂物,闸门底端下游侧止水橡皮与底板止水支墩容易被隔开形成间隙,导致闸门所有止水橡皮不能紧贴止水支墩,从而产生漏水,水闸蓄水困难。因此,在底板止水支墩上游一定距离(不影响闸门旋转运行,也不宜距离太长,应尽量短)设置一定高度弧形壅水坎,阻挡水流从闸门底孔出水,防止上游杂物卡住闸门,不能回位关闭。同时让它产生一定水位差,冲走闸室底板止水支墩前小体积泥沙和杂物。闸门关闭时,受上游水压作用,保证闸门底端止水橡皮完全及时贴紧止水支墩,其他部位止水橡皮也同时紧贴止水支墩,无漏水现象,水闸正常蓄水。闸门倾倒至水平位置时,为了保证水箱进水,可以采取以下两种方法:①壅水坎与闸门底端留有一定间隙,既可以阻挡较大体积漂浮物和块石进入底孔,又可以保证闸门水箱进水和闸门正常旋转;②在壅水坎与闸门底端之间预留非常小间隙,能够保证闸门旋转自由,不进大粒径杂物和泥沙,防止闸门关闭时止水橡皮与止水支墩之间被杂物和泥沙隔开漏水,同时闸门前壅水坎顶部埋设充水管,进口设置在闸门前上游某个进水条件好的地方,出口正对闸门倾倒至水平位置时水箱进口,保证水箱进水。

这种止水橡皮结构型式具有下列优点:①闸门止水橡皮与止水支墩相互挤压既可以止水,又可以缓冲突然启闭闸门产生的撞击力,还可以限定闸门门叶关闭竖立位置;②完全消除闸门侧摩擦力矩影响,减轻闸门重量,节省制作材料,降低工程造价;③为了达到止水效果,必须在开启前有预压力,如考虑止水橡皮摩擦力矩,开启前达到 2 045 mm 时的压力矩是 −1 555 068.55 N · mm = −158.68 kg · m,见表 4-3;如果不考虑止水橡皮摩擦力矩,开启前达到 2 045 mm 时的压力矩 −1 412 604.55 N · mm = −144.14 kg · m,见表 4-4。

图 4-10　闸门上游止水支墩实物图

图 4-11　闸门下游止水支墩实物图

图 4-12　止水橡皮与止水支墩

表 4-3　闸门关闭蓄水至闸门顶端止水橡皮预压力矩分析

序号	区域名称	半径(mm)	π	角度(弧度)	钢板厚度(mm)	面积(mm²)	长度(mm)	体积(mm³)	容重(N/mm³)	重量(N)	重心(mm)	力矩(N·mm)	备注
	以闸门转轴为中心,闸门左旋或者右旋受力分析												
1	水箱四分之一弧形钢板	半径(mm)	π	角度(°)									
		221	3.14	90	48	166 639	1 472	24 527 947	0.000 076 9	1 886.93	150.7	284 347.83	右旋弯矩
2	2 100~55 mm 整板闸门矩形板	高度(mm)	宽度(mm)										
		700	8			5 600	1 700	9 520 000	0.000 076 9	732.37	50.0	-36 618.68	左旋弯矩
		1 345	14			18 830	1 700	32 011 000	0.000 076 9	2 462.61	47.0	-115 742.49	左旋弯矩
				块数 n									
3	转轴上端 13 块加劲肋	558	50	13	14	362 700		5077800	0.000 076 9	390.64	15.0	-5 859.53	左旋弯矩
		700	50	13	8	455 000		3 640 000	0.000 076 9	280.03	21.0	-5 880.53	左旋弯矩
4	转轴下端 14 块加劲肋	562	50	14	14	393 400		5 507 600	0.000 076 9	423.70	15.0	-6 355.50	左旋弯矩
5	339 mm 水箱钢板	48	339			16 272	1 472	23952384	0.000 076 9	1 842.66	231.0	425 653.74	右旋弯矩
6	加强板	93	48			4 464	1 472	6 571 008	0.000 076 9	505.51	231.0	116 772.27	右旋弯矩
7	T 形腹板	14	247			3 458	1 472	5 090 176	0.000 076 9	391.59	83.5	32 697.53	右旋弯矩
8	水箱左侧挡板扇形板	半径(mm)	π	角度(弧度)									
		245	3.14	0.79	14	47 144	14	660 009	0.000 076 9	50.77	114.0	5 787.34	右旋弯矩
9	水箱左侧挡板矩形板	高度(mm)	宽度(mm)										
		339	309		14	104 751	14	1 466 514	0.000 076 9	112.82	100.5	11 338.30	右旋弯矩
10	水箱右侧挡板扇形板	半径(mm)	π	角度(弧度)									
		245	3.14	0.79	14	47 144	14	660 009	0.000 076 9	50.77	114.0	5 787.34	右旋弯矩
11	水箱右侧挡板矩形板	高度(mm)	宽度(mm)										
		339	309		14	104 751	14	1 466 514	0.000 076 9	112.82	100.5	11 338.30	右旋弯矩
12	水箱左侧挡板小矩形板	245	50		14	12 250	14	171 500	0.000 076 9	13.19	-15	-197.90	左旋弯矩
13	水箱右侧挡板小矩形板	245	50		14	12 250	14	171 500	0.000 076 9	13.19	-15	-197.90	左旋弯矩
14	闸门底端止水橡皮摩擦力矩	按以往普通止水措施,摩擦力很大;采取减摩擦力止水措施后,摩擦力可忽略										0	

续表 4-3

序号	区域名称	半径(mm)	π	角度(弧度)	钢板厚度(mm)	面积(mm^2)	长度(mm)	体积(mm^3)	容重(N/mm^3)	重量(N)	重心(mm)	力矩(N·mm)	备注
15	闸门侧止水橡皮摩擦力矩	偏安全考虑计算一点摩擦力矩，采取减摩擦力止水措施后，摩擦力矩可忽略										-142 464.00	左旋弯矩
		配重长度(mm)	配重厚度(mm)	配重宽度(mm)	根数 n				材料容重(N/mm^3)	重量(N)	力臂(mm)	力矩(N·mm)	
16	闸门板底部配重计算	1 472	14	90	1				0.000 076 9	142.68	-61	-8 703.70	左旋弯矩
17	闸门转轴摩擦力矩	转轴半径(mm)	闸门蓄水转轴两端所受合力(N)	摩擦系数	滑动摩擦力(N)				门叶自重(N)	9 412.28	力臂(mm)	力矩(N·mm)	
		40	36 085.41	0.5	18 042.71						40	-721 708.16	左旋弯矩
18	闸门上游蓄满水水压	蓄水高度(mm)	不同图形	宽度(mm)	门叶高度(mm)					水压(N)			
		2 045		1 700	2 045				总水压	34 836.27			
	蓄水高度必须大于等于2 045 mm 高水位才有意义	2 045	三角形	1 700	2 045					34 836.27	-40.3	-1 405 062.82	左旋弯矩
		0	矩形	1 700	2 045					0	300.5	0	右旋弯矩
合计												-1 555 068.55	
							闸门处于关闭状态，止水橡皮受压止水				力矩折算(kg·m)	-158.68	

表 4-4　闸门关闭蓄水至闸门顶端止水橡皮预压力矩分析(不考虑闸门侧止水橡皮摩擦力矩)

序号	区域名称	半径(mm)	π	角度(弧度)	钢板厚度(mm)	面积(mm²)	长度(mm)	体积(mm³)	容重(N/mm³)	重量(N)	重心(mm)	力矩(N·mm)	备注
	以闸门转轴为中心,闸门左旋或者右旋受力分析												
1	水箱四分之一弧形钢板	半径(mm)	π	角度(°)									
		221	3.14	90	48	16 6639	1 472	24 527 947	0.000 076 9	1 886.93	150.7	284 347.83	右旋弯矩
2	2 100~55 mm 整板闸门矩形板	高度(mm)	宽度(mm)										
		700	8			5 600	1 700	9 520 000	0.000 076 9	732.37	50.0	-36 618.68	左旋弯矩
		1 345	14			18 830	1 700	32 011 000	0.000 076 9	2 462.61	47.0	-115 742.49	左旋弯矩
3	转轴上端 13 块加劲肋			块数 n									
		558	50	13	14	362 700		5 077 800	0.000 076 9	390.64	15.0	-5 859.53	左旋弯矩
		700	50	13	8	455 000		3 640 000	0.000 076 9	280.03	21.0	-5 880.53	左旋弯矩
4	转轴下端 14 块加劲肋	562	50	14	14	393 400		5 507 600	0.000 076 9	423.70	15.0	-6 355.50	左旋弯矩
5	339 mm 水箱钢板	48	339			16 272	1 472	23 952 384	0.000 076 9	1 842.66	231.0	425 653.74	右旋弯矩
6	加强板	93	48			4 464	1 472	6 571 008	0.000 076 9	505.51	231.0	116 772.27	右旋弯矩
7	T 形腹板	14	247			3 458	1 472	5 090 176	0.000 076 9	391.59	83.5	32 697.53	右旋弯矩
8	水箱左侧挡板扇形板	半径(mm)	π	角度(弧度)									
		245	3.14	0.79	14	47 144	14	660 009	0.000 076 9	50.77	114.0	5 787.34	右旋弯矩
9	水箱左侧挡板矩形板	高度(mm)	宽度(mm)										
		339	309		14	104 751	14	1 466 514	0.000 076 9	112.82	100.5	11 338.30	右旋弯矩
10	水箱右侧挡板扇形板	半径(mm)	π	角度(弧度)									
		245	3.14	0.79	14	47 144	14	660 009	0.000 076 9	50.77	114.0	5 787.34	右旋弯矩
11	水箱右侧挡板矩形板	高度(mm)	宽度(mm)										
		339	309		14	104 751	14	1 466 514	0.000 076 9	112.82	100.5	11 338.30	右旋弯矩
12	水箱左侧挡板小矩形板	245	50		14	12 250	14	171 500	0.000 076 9	13.19	-15	-197.90	左旋弯矩
13	水箱右侧挡板小矩形板	245	50		14	12 250	14	171 500	0.000 076 9	13.19	-15	-197.90	左旋弯矩
14	闸门底端止水橡皮摩擦力矩	按以往普通止水措施,摩擦力很大; 采取减摩擦力止水措施后,摩擦力可忽略										0	

续表 4-4

序号	区域名称	半径(mm)	π	角度(弧度)	钢板厚度(mm)	面积(mm^2)	长度(mm)	体积(mm^3)	容重(N/mm^3)	重量(N)	重心(mm)	力矩(N·mm)	备注
15	闸门侧止水橡皮摩擦力矩	偏安全考虑计算一点摩擦力矩，采取减摩擦力止水措施后，摩擦力矩可忽略										0	左旋弯矩
		配重长度(mm)	配重厚度(mm)	配重宽度(mm)	根数 n				材料容重(N/mm^3)	重量(N)	力臂(mm)	力矩(N·mm)	
16	闸门板底部配重计算	1 472	14	90	1				0.000 076 9	142.68	-61	-8 703.70	左旋弯矩
17	闸门转轴摩擦力矩	转轴半径(mm)	闸门蓄水转轴两端所受合力(N)	摩擦系数	滑动摩擦力(N)				门叶自重(N)	9 412.28	力臂(mm)	力矩(N·mm)	
		40	36 085.41	0.5	18 042.70						40	-721 708.16	左旋弯矩
18	闸门上游蓄满水水压	蓄水高度(mm)	不同图形	宽度(mm)	门叶高度(mm)					水压(N)			
		2 045		1 700	2 045				总水压	34 836.27			
	蓄水高度必须大于等于2 045 mm高水位才有意义	2 045	三角形	1 700	2 045					34 836.27	-40.33	-1 405 062.82	左旋弯矩
		0	矩形	1 700	2 045					0	300.5	0	右旋弯矩
合计												-1 412 604.55	
							闸门处于关闭状态，止水橡皮受压止水				力矩折算(kg·m)	-144.14	

施工时止水橡皮要现场安装,设置不锈钢板止水,一定要严格控制橡皮压缩厚度。

首先,为安全计,仅仅考虑闸门两侧各400 mm止水橡皮摩擦力矩。

止水橡皮采用P45－A,考虑施工技术工艺有偏差,本次设计取偏大值,绝对变形量取6 mm,单位压缩力为5.3 N/mm。

门叶转轴短边与闸墩接触长度400 mm,橡皮摩擦力:

$$T = Ff = 5.3\times400\times0.7 = 1\ 484(\mathrm{N})$$

产生的相应弯矩:

$$M_{上} = (l/2+40)T = (400/2+40)\times1\ 484 = 356\ 160(\mathrm{N\cdot mm}) = 36.34\ \mathrm{kg\cdot m}$$

两侧止水橡皮摩擦力矩:

$$M_{上} = 2\times356\ 160 = 712\ 320(\mathrm{N\cdot mm}) = 72.69\ \mathrm{kg\cdot m}$$

其次,为安全计,仅仅考虑闸门两侧各200 mm止水橡皮摩擦力矩。

两侧止水橡皮摩擦力:

止水橡皮采用P45－A,考虑施工技术工艺有偏差,本次设计取偏大值,绝对变形量取6 mm,单位压缩力为5.3 N/mm。

单侧门叶转轴短边与闸墩接触长度200 mm,单侧橡皮摩擦力:

$$T = Ff = 5.3\times(200-40)\times0.7 = 593.6(\mathrm{N})$$

单侧产生的相应弯矩:

$$M_{上} = (\frac{l}{2}+40)T = (\frac{200-40}{2}+40)\times593.6 = 71\ 232(\mathrm{N\cdot mm}) = 7.27\ \mathrm{kg\cdot m}$$

两侧止水橡皮摩擦力矩:

$$M_{上} = 2\times71\ 232 = 142\ 464(\mathrm{N\cdot mm}) = 14.54\ \mathrm{kg\cdot m}$$

闸门处于关闭至竖立状态受力即将旋转开启弯矩分析,见表4-5。

2. 计算结论

比较表4-3和表4-4得:取关闭弯矩小值－1 412 604.55 N·mm＝－144.14 kg·m计算。

(1)水闸蓄水深度为2 045 mm,产生关闭弯矩－1 412 604.55 N·mm＝－144.14 kg·m;闸门处于关闭状态,门叶三侧边止水橡皮产生的平均压应力计算如下:

$$\left(q\times1\ 323\times1\ 323\times\frac{1}{2}+q\times722\times722\times\frac{1}{2}\right)\times2+q\times1\ 700\times722 = -1\ 412\ 604.55$$

(N·mm)

其中,$q = -0.40$ N/mm("－"表示止水橡皮受压)。

具体计算过程见表4-6。

表 4-5 闸门处于关闭至竖立状态受力即将旋转开启弯矩分析

序号	区域名称	半径(mm)	π	角度(弧度)	钢板厚度(mm)	面积(mm²)	长度(mm)	体积(mm³)	容重(N/mm³)	重量(N)	重心(mm)	力矩(N·mm)	备注
	以闸门转轴为中心,闸门左旋或者右旋受力分析												
1	水箱四分之一弧形钢板	半径(mm)	π	角度(°)									
		221	3.14	90	48	16 6639	1 472	24 527 947	0.000 076 9	1 886.93	150.7	284 347.83	右旋弯矩
2	2 100 ~ 55 mm 整板闸门矩形板	高度(mm)	宽度(mm)										
		700	8			5 600	1 700	9 520 000	0.000 076 9	732.37	50.0	−36 618.68	左旋弯矩
		1 345	14			18 830	1 700	32 011 000	0.000 076 9	2 462.61	47.0	−115 742.49	左旋弯矩
3	转轴上端 13 块加劲肋			块数 n									
		558	50	13	14	362 700		5077800	0.000 076 9	390.64	15.0	−5 859.53	左旋弯矩
		700	50	13	8	455 000		3 640 000	0.000 076 9	280.03	21.0	−5 880.53	左旋弯矩
4	转轴下端 14 块加劲肋	562	50	14	14	393 400		5 507 600	0.000 076 9	423.70	15.0	−6 355.50	左旋弯矩
5	339 mm 水箱钢板	48	339			16 272	1 472	23 952 384	0.000 076 9	1 842.66	231.0	425 653.74	右旋弯矩
6	加强板	93	48			4 464	1 472	6 571 008	0.000 076 9	505.51	231.0	116 772.27	右旋弯矩
7	T 形腹板	14	247			3 458	1 472	5 090 176	0.000 076 9	391.59	83.5	32 697.53	右旋弯矩
8	水箱左侧挡板扇形板	半径(mm)	π	角度(弧度)									
		245	3.14	0.79	14	47 144	14	660 009	0.000 076 9	50.77	114.0	5 787.34	右旋弯矩
9	水箱左侧挡板矩形板	高度(mm)	宽度(mm)										
		339	309		14	104 751	14	1 466 514	0.000 076 9	112.82	100.5	11 338.30	右旋弯矩
10	水箱右侧挡板扇形板	半径(mm)	π	角度(弧度)									
		245	3.14	0.79	14	47 144	14	660 009	0.000 076 9	50.77	114.0	5 787.34	右旋弯矩
11	水箱右侧挡板矩形板	高度(mm)	宽度(mm)										
		339	309		14	104751	14	1 466 514	0.000 076 9	112.82	100.5	11 338.30	右旋弯矩
12	水箱左侧挡板小矩形板	245	50		14	12 250	14	171 500	0.000 076 9	13.19	−15	−197.90	左旋弯矩
13	水箱右侧挡板小矩形板	245	50		14	12 250	14	171 500	0.000 076 9	13.19	−15	−197.90	左旋弯矩
14	闸门底端止水橡皮摩擦力矩	按以往普通止水措施,摩擦力很大;采取减摩擦力止水措施后,摩擦力可忽略										0	

续表 4-5

序号	区域名称	半径(mm)	π	角度(弧度)	钢板厚度(mm)	面积(mm²)	长度(mm)	体积(mm³)	容重(N/mm³)	重量(N)	重心(mm)	力矩(N·mm)	备注
15	闸门侧止水橡皮摩擦力矩	偏安全考虑计算一点摩擦力矩，采取减摩擦力止水措施后，摩擦力矩可忽略										−142 464.00	左旋弯矩
		配重长度(mm)	配重厚度(mm)	配重宽度(mm)	根数 n				材料容重(N/mm³)	重量(N)	力臂(mm)	力矩(N·mm)	
16	闸门板底部配重计算	1 472	14	90	1				0.000 076 9	142.68	−61	−8 703.70	左旋弯矩
17	闸门转轴摩擦力矩	转轴半径(mm)	闸门蓄水转轴两端所受合力(N)	摩擦系数	滑动摩擦力(N)				门叶自重(N)	9 412.28	力臂(mm)	力矩(N·mm)	
		40	41 451.09	0.5	20 725.54						40	−829 021.71	左旋弯矩
18	闸门上游蓄满水水压	蓄水高度(mm)	不同图形	宽度(mm)	门叶高度(mm)					水压(N)			
		2 207.37		1 700	2 045				总水压	40 368.32			
	蓄水高度必须大于等于	2 045	三角形	1 700	2 045					34 836.27	−40.33	−1 405 062.82	左旋弯矩
	2 045 mm 高水位才有意义	162.37	矩形	1 700	2 045					5 532.05	300.5	1 662 382.11	右旋弯矩
合计												0.003 3	
	如果设计蓄水位太低，就会出现闸门经常翻转，水闸引水工程引水困难						闸门处于关闭状态，止水橡皮受压止水				力矩折算(kg·m)	3.38×10^{-7}	

表4-6　闸门止水支墩橡皮平均压应力计算表(只考虑数值大小)

计算止水橡皮平均压应力 q(N/mm)	折算止水橡皮平均压应力 q(kg/m)	转轴上段止水橡皮长度(mm)	转轴下段止水橡皮长度(mm)
0.40	41.20	1 323	722
闸门底端止水橡皮长度(mm)	闸门计算受到的弯矩(N·mm)	闸门实际受到的弯矩(N·mm)	闸门计算弯矩与实际受到的弯矩(N·mm)
1 700	1 412 604.52	1 412 604.55	近似相等,说明计算止水橡皮平均压应力值正确

支墩止水橡皮只有具有较大的压应力,才能使止水橡皮紧贴支墩止水。

(2)由表4-5知:闸前水深为2 207.37 mm时,产生即将开启弯矩0.003 3 N·mm = 3.38×10^{-7} kg·m,闸门接近处于启闭平衡零界状态,即将开闸泄水。水闸上游水位与闸门底端差小于2 207.37 mm时,闸门不会开启泄水;只有闸门上游来水量较大时,闸门顶端溢流水深度超过162.37 mm,闸门就会开启,否则,一直处于关闭蓄水状态。水闸引水工程进口始终接近设计引水位,保持水闸引水渠较长连续输水时间,这样就克服了:①闸门总是频繁地启闭,易损坏闸门;②水闸上游水位出现频繁升降,水位不稳定,导致水闸引水工程间歇引水所带来的不便。

4.2.3　闸门翻转设计结论

经过以上计算分析,闸门所拟定的尺寸满足闸门启闭翻转设计要求。

注意:还有水扇自重没考虑,为了考虑蓄水箱可能漏水或者缺水源,在闸墩中间集水井侧面较高位置设置进水孔,只要水闸达到一定蓄水位,水扇集水井自然进水,实现水扇浮力与自重尽量自我平衡,这样使闸门启闭容易,比较安全可靠。待下面章节校核闸门强度、刚度合格后,再考虑设计水扇。

4.3　闸门结构强度校核

4.3.1　计算条件说明

闸门开启过程中,受到转轴支承,持续时间非常短暂;闸门开启至水平状态泄流时,同时受到转轴和闸墩牛腿支承,门叶将水流一分为二:孔流和堰流。水浅,闸门受力较小,强度设计不需考虑。

门叶处于竖立关闭蓄水状态时,同时受到止水支墩和转轴支承,强度设计无须考虑;而即将开启时,门叶离开止水支墩,仅受到转轴支承,闸门前水位高,门叶受力较大,需要进行强度校核。主要是校核门叶和转轴强度是否满足设计要求。

4.3.2 门叶上部和下部强度校核

转轴设置的高度一般为(0.35～0.4)H(H为门叶的设计挡水高度),将门叶拦腰分为上部和下部。由前面闸门翻转设计内容得知,闸门上部按板厚不同又分成两部分:上端部分高700 mm和下端部分高623 mm。将转轴上部门叶简化为底端固结于转轴上,上端为自由的悬臂梁计算。闸门开启旋转时,由于存在各种无法预测原因,水闸上游水位有可能超过闸门顶端一定蓄水高度(如162.37 mm),闸门被卡住,开启不了,门叶承受较大水压。为了安全,本次门叶设计水位取闸门顶端溢流水深500 mm,而不是闸门顶部即将开启的零界溢流水深162.37 mm。因此,假设闸门承受高出闸门顶端水深500 mm的水压,即水位为2 545 mm,闸门即将开启,以此状态进行受力分析,如图4-13所示。

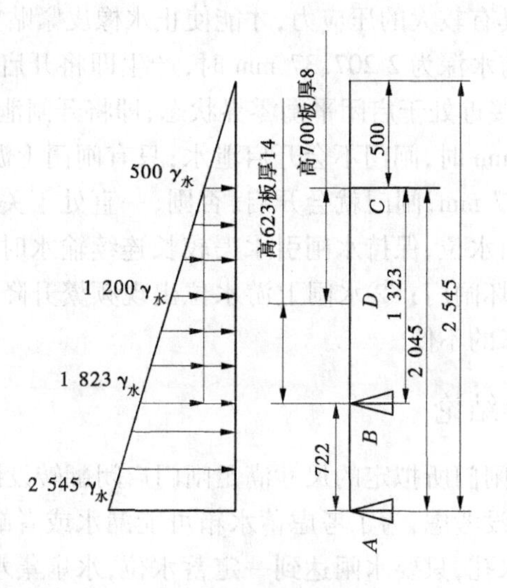

图4-13 闸门门叶竖向关闭受力简图 (单位:mm)

4.3.2.1 受力分析计算

1. 闸门转轴上下部分都简化为悬臂梁计算

闸门宽度取1 700 mm,钢材密度取7 850 kg/m³。

1)支铰B处上部分

根据板的厚薄,在分界点D将板分为上薄部和下厚部。

(1)下厚部B点,为计算方便,不考虑闸室闸墩侧墙支撑作用,简化为上端完全自由、下端固定的悬臂梁,计算弯矩、剪力和轴力。

①水平水压力产生的弯矩:

$$M = 500\gamma_{水} \times 1\ 323 \times \frac{1}{2} \times 1\ 323 \times 1\ 700 + \frac{1}{2} \times 1\ 323 \times 1\ 323\gamma_{水} \times \frac{1}{3} \times 1\ 323 \times 1\ 700$$

$$= 500 \times 1\ 000 \times 9.8 \times 10^{-9} \times 1\ 323 \times \frac{1}{2} \times 1\ 323 \times 1\ 700 + \frac{1}{2} \times 1\ 323 \times 1\ 323 \times$$

$$1\ 000 \times 9.8 \times 10^{-9} \times \frac{1}{3} \times 1\ 323 \times 1\ 700 = 13\ 720\ 006.38(\text{N}\cdot\text{mm})$$

②水平水压力产生的剪力：

$$Q = (500 + 1\ 823) \times 1\ 323 \times \frac{1}{2} \times 1\ 000 \times 9.8 \times 10^{-9} \times 1\ 700 = 25\ 600.83(\mathrm{N})$$

③闸门自重产生的轴力：

$$N = 8 \times 700 \times 1\ 700 \times \rho_{钢} + 14 \times 623 \times 1\ 700 \times \rho_{钢} = 8 \times 700 \times 1\ 700 \times 7\ 850 \times 9.8 \times 10^{-9} + 14 \times 623 \times 1\ 700 \times 7\ 850 \times 9.8 \times 10^{-9} = 1\ 873.05(\mathrm{N})$$

门叶转轴以上部分下端部转轴处受力分析见表4-7。

(2)上薄部D点计算方法同下厚部,计算结果见表4-7。

表4-7　上部门叶转轴处受力分析计算

部位	闸门不同高度处水压(mm)	闸门顶部水压(mm)	水容重$\gamma_{水}$(N/mm³)	闸门厚度δ(mm)	1 700 mm宽度闸门(mm)
上薄部D点	1 200	500	0.000 009 8	8	1 700
下厚部B点	1 823	500	0.000 009 8	14	1 700
部位	钢闸门门叶容重(N/mm³)	支铰弯矩M(N·mm)	支铰剪力Q(N)	支铰轴力N(N)	
上薄部D点	0.000 076 93	2 993 246.67	9 912.7	732.37	
下厚部B点	0.000 076 93	13 720 006.38	25 600.83	1 873.05	

2)支铰处下部分

为计算方便,不考虑闸室底板和闸墩侧墙支撑作用,也不考虑水箱部分加固作用,简化为上端完全自由、下端固定的悬臂梁,计算弯矩、剪力和轴力。

(1)水平水压力产生的弯矩：

$$M = 1\ 823\gamma_{水} \times 722 \times \frac{1}{2} \times 722 \times 1\ 700 + \frac{1}{2} \times (2\ 545 - 1\ 823) \times (2\ 545\gamma_{水} - 1\ 823\gamma_{水}) \times \frac{2}{3} \times 722 \times 1\ 700 = 1\ 823 \times 1\ 000 \times 9.8 \times 10^{-9} \times 722 \times \frac{1}{2} \times 722 \times 1\ 700 + \frac{1}{2} \times (2\ 545 - 1\ 823) \times (2\ 545 - 1\ 823) \times 1\ 000 \times 9.8 \times 10^{-9} \times \frac{2}{3} \times 722 \times 1\ 700 = 10\ 006\ 096.77(\mathrm{N \cdot mm})$$

(2)水平水压力产生的剪力：

$$Q = (1\ 823 + 2\ 545)\gamma_{水} \times 722 \times \frac{1}{2} \times 1\ 700 = (1\ 823 + 2\ 545) \times 1\ 000 \times 9.8 \times 10^{-9} \times 722 \times \frac{1}{2} \times 1\ 700 = 26\ 270.29(\mathrm{N})$$

(3)闸门自重产生的轴力：

$N=\delta\times722\times1\ 700\times\rho_{钢}=14\times722\times1\ 700\times7\ 850\times9.8\times10^{-9}=1\ 321.93(\mathrm{N})$

门叶转轴以下部分转轴处受力分析见表4-8。

表4-8 下部门叶转轴处受力分析计算

闸门0.353 1H处水压(mm)	闸门顶部水压(mm)	水容重$\gamma_{水}$(N/mm³)	闸门厚度δ(mm)	单位宽度闸门(m)
1 823	500	0.000 009 8	0.014	1 700
钢闸门门叶容重(N/mm³)	支铰弯矩M(N·mm)	支铰剪力Q(N)	支铰轴力N(N)	
0.000 076 93	10 006 096.77	26 270.29	1 321.93	

2. 将闸门门叶简化成简支梁

见图4-14,分别求:①B截面弯矩M_{B};②B上下截面剪力$Q_{\mathrm{B上}}$和$Q_{\mathrm{B下}}$;③B上下截面轴力$N_{\mathrm{B上}}$和$N_{\mathrm{B下}}$;④D截面弯矩M_{D}、剪力Q_{D}和轴力N_{D}。

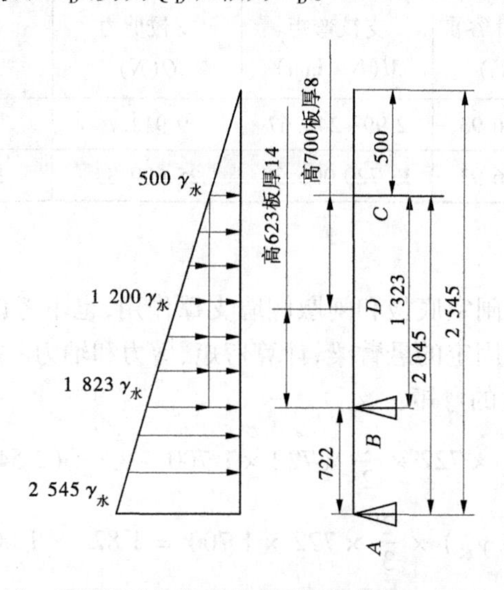

图4-14 闸门门叶简化成简支梁计算简图 (单位:mm)

(1)支点A反力F_{A}计算:

$$722\times F_{\mathrm{A}}+1\ 823\times1\ 000\times9.8\times10^{-9}\times722\times722\times\frac{1}{2}+(2\ 545-1\ 823)\times1\ 000\times9.8\times10^{-9}\times722\times\frac{1}{2}\times722\times\frac{2}{3}$$

$$=500\times1\ 000\times9.8\times10^{-9}\times1\ 323\times1\ 323\times\frac{1}{2}+(1\ 823-500)\times1\ 000\times9.8\times10^{-9}\times1\ 323\times\frac{1}{2}\times1\ 323\times\frac{1}{3}$$

$$722\times F_{\mathrm{A}}+5\ 885.94=8\ 070.59$$

$$F_A = 3.03\ \text{N}(\text{方向向右})$$

(2)转轴上部 B 点水平水压力产生的弯矩M_B：

$$M_B = 500\gamma_{水} \times 1\,323 \times \frac{1}{2} \times 1\,323 \times 1\,700 + \frac{1}{2} \times 1\,323 \times 1\,323\gamma_{水} \times \frac{1}{3} \times 1\,323 \times 1\,700$$

$$= 500 \times 1\,000 \times 9.8 \times 10^{-9} \times 1\,323 \times \frac{1}{2} \times 1\,323 \times 1\,700 + \frac{1}{2} \times$$

$$1\,323 \times 1\,323 \times 1\,000 \times 9.8 \times 10^{-9} \times \frac{1}{3} \times 1\,323 \times 1\,700$$

$$= 13\,720\,006.38(\text{N} \cdot \text{mm})$$

(3)转轴上部 B 点上侧水平水压力产生的剪力$Q_{B上}$：

$$Q_{B上} = (500 + 1\,823) \times 1\,323 \times \frac{1}{2} \times 1\,000 \times 9.8 \times 10^{-9} \times 1\,700 = 25\,600.83(\text{N})$$

(4)转轴上部 B 点下侧水平水压力产生的剪力$Q_{B下}$：

$$Q_{B下} = (1\,823 + 2\,545)\gamma_{水} \times 722 \times \frac{1}{2} \times 1\,700 + F_A = (1\,823 + 2\,545) \times$$

$$1\,000 \times 9.8 \times 10^{-9} \times 722 \times \frac{1}{2} \times 1\,700 + 3.03 = 26\,273.31(\text{N})$$

(5)转轴 B 上部闸门自重产生的轴力$N_{B上}$：

$$N_{B上} = \delta_{薄} \times 700 \times 1\,700 \times \rho_{钢} + \delta_{厚} \times 623 \times 1\,700 \times \rho_{钢} = 8 \times 700 \times 1\,700 \times$$
$$7\,850 \times 9.8 \times 10^{-9} + 14 \times 623 \times 1\,700 \times 7\,850 \times 9.8 \times 10^{-9} = 1\,873.05(\text{N})$$

(6)转轴 B 下部闸门自重产生的轴力$N_{B下}$：

$$N_{B下} = \delta \times 722 \times 1\,700 \times \rho_{钢} = 14 \times 722 \times 1\,700 \times 7\,850 \times 9.8 \times 10^{-9} = 1\,321.93(\text{N})$$

(7)D 截面弯矩M_D：

$$M_D = 500\gamma_{水} \times 700 \times \frac{1}{2} \times 700 \times 1\,700 + \frac{1}{2} \times 700 \times 700\gamma_{水} \times$$

$$\frac{1}{3} \times 700 \times 1\,700 = 500 \times 1\,000 \times 9.8 \times 10^{-9} \times$$

$$700 \times \frac{1}{2} \times 700 \times 1\,700 + \frac{1}{2} \times 700 \times 700 \times 1\,000 \times 9.8 \times 10^{-9} \times$$

$$\frac{1}{3} \times 700 \times 1\,700 = 2\,993\,246.67(\text{N} \cdot \text{mm})$$

(8)D 截面剪力Q_D：

$$Q_D = (500 + 1\,200) \times 700 \times \frac{1}{2} \times 1\,000 \times 9.8 \times 10^{-9} \times 1\,700 = 9\,912.7(\text{N})$$

(9)D 截面轴力N_D：

$$N_D = \delta_{薄} \times 700 \times 1\,700 \times \rho_{钢} = 8 \times 700 \times 1\,700 \times 7\,850 \times 9.8 \times 10^{-9} = 732.37(\text{N})$$

闸门内力计算见表4-9。

表 4-9 门叶内力计算

支点 A 反力计算				
转轴下薄部门叶高度(mm)	转轴上厚部门叶高度(mm)	转轴上门叶高度(mm)	转轴下门叶高度(mm)	门叶高度(mm)
623	700	1 323	722	2 045
门顶水深(mm)	支点 B 水深(mm)	支点 A 水深(mm)	水容重 $\gamma_{水}$ (N/mm^2)	换算系数一
500	1 823	2 545	0.000 009 8	0.33
换算系数二	左端弯矩(N·mm)	右端弯矩(N·mm)	F_A(N)	
0.67	5 885.94	8 070.59	3.03	
支点 B 截面内力计算				
钢材容重(N/mm^3)	门叶转轴上部上端部厚度(mm)	门叶转轴下部厚度(mm)	门叶转轴上部下端部厚度(mm)	门叶宽度(mm)
0.000 076 93	8	14	14	1 700
上侧弯矩(N·mm)	上侧剪力(N)	下侧剪力(N)	上侧门叶自重产生轴力(N)	下侧门叶自重产生轴力(N)
13 720 006.38	25 600.83	26 273.31	1 873.05	1 321.93
转轴上部厚薄板交界处 D 截面内力计算				
弯矩(N·mm)	剪力(N)	上侧门叶自重产生轴力(N)		
2 993 246.67	9 912.7	732.37		
门叶最大内力值				
门叶最大弯矩(N·mm)		门叶最大剪力(N)	门叶最大轴力(N)	
13 720 006.38		26 273.31	1 873.05	

4.3.2.2 绘制闸门门叶最大内力图

不考虑闸室底板和闸墩侧墙支撑作用,两端简化为完全自由。为安全计,B 点取表 4-9中弯矩、剪力和轴力最大值,D 点取表 4-9 中弯矩 M、剪力 Q 和轴力 N,绘制闸门门叶内力图。

(1)弯矩 M 图,见图 4-15,图中尺寸单位为 mm。

(2)剪力 Q 图,见图 4-16,图中尺寸单位为 mm。

(3)轴力 N 图,见图 4-17,图中尺寸单位为 mm。

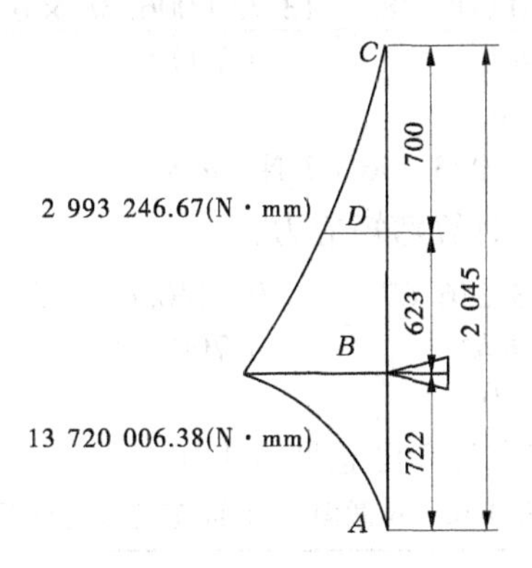

图4-15　弯矩 M 图

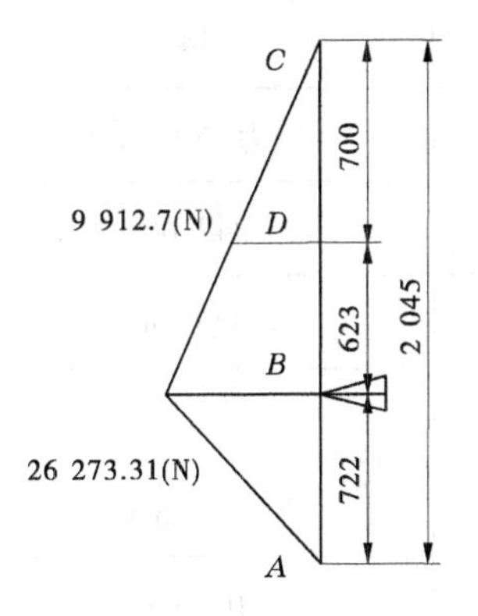

图4-16　剪力 Q 图

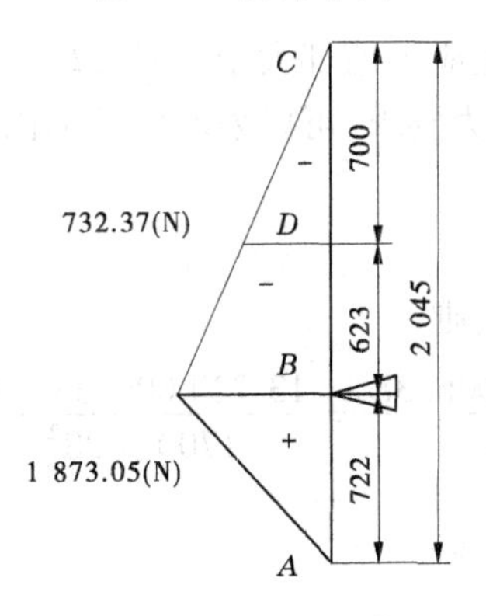

图4-17　轴力 N 图

4.3.2.3　**门叶强度校核**

先验算 B 截面和 D 截面弯矩作用应力。

(1)取 B 截面弯矩 $M_B = 13\ 720\ 006.38\ \text{N}\cdot\text{mm}$。

根据闸门门叶拟定尺寸,计算弯矩应力:

$$\sigma_B = \frac{M_B}{W_Z} = \frac{13\ 720\ 006.38}{\frac{b\ h^2}{6}} = \frac{13\ 720\ 006.38 \times 6}{1\ 700 \times 14^2} = 247.06(\mathrm{N/mm^2})$$

(2)取 D 截面弯矩$M_D = 2\ 993\ 246.67$ N · mm。

根据闸门门叶拟定尺寸,计算弯矩应力:

$$\sigma_D = \frac{M_D}{W_Z} = \frac{2\ 993\ 246.67}{\frac{b\ h^2}{6}} = \frac{2\ 993\ 246.67 \times 6}{1\ 700 \times 8^2} = 165.07(\mathrm{N/mm^2})$$

B 截面和 D 截面弯矩应力计算汇总见表 4-10。

表 4-10　B 截面、D 截面弯矩应力计算表

截面 B	宽度(mm)	厚度(mm)	抗弯截面模量(mm³)
	1 700	14	55 533.33
	弯矩(N · mm)	应力(N/mm²)	
	13 720 006.38	247.06	
截面 D	宽度(mm)	厚度(mm)	抗弯截面模量(mm³)
	1 700	8	18 133.33
	弯矩(N · mm)	应力(N/mm²)	
	2 993 246.67	165.07	

结论:B 截面和 D 截面弯矩应力值都大于钢号 Q235 钢材的抗拉、抗压和抗弯容许应力$[\sigma] = 160$ N/mm²,不满足应力要求,可以采取以下加固措施:一是加厚钢板;二是门叶背水面设置加劲肋。

(1)加厚钢板。

如果 B 截面加厚至 28 mm,则

$$\sigma_B = \frac{M_B}{W_Z} = \frac{13\ 720\ 006.38}{\frac{b\ h^2}{6}} = \frac{13\ 720\ 006.38 \times 6}{1700 \times 28^2} = 61.76(\mathrm{N/mm^2})$$

如果 D 截面加至厚 16 mm,则

$$\sigma_D = \frac{M_D}{W_Z} = \frac{2\ 993\ 246.67}{\frac{b\ h^2}{6}} = \frac{2\ 993\ 246.67 \times 6}{1\ 700 \times 16^2} = 41.27(\mathrm{N/mm^2})$$

加厚 B 截面和 D 截面弯矩应力计算汇总见表 4-11。

表 4-11　加厚 B 截面和 D 截面弯矩应力计算表

	宽度(mm)	厚度(mm)	抗弯截面模量(mm^3)
截面 B 加厚方案	1 700	28	222 133.33
	弯矩(N·mm)	应力(N/mm^2)	
	13 720 006.38	61.76	
	宽度(mm)	厚度(mm)	抗弯截面模量(mm^3)
截面 D 加厚方案	1 700	16	72 533.33
	弯矩(N·mm)	应力(N/mm^2)	
	2 993 246.67	41.27	

结论:B 截面和 D 截面弯矩应力值都小于钢号 Q235 钢材的抗拉、抗压和抗弯容许应力$[\sigma]=160\ N/mm^2$,满足应力要求,但是需耗费大量钢材,不可取。

(2)门叶背水面设置加劲肋。

转轴上部 BD 段门叶沿闸门宽度方向间隔 133.33 mm,设置一处高 50 mm、厚 14 mm 矩形加劲肋钢板,共 13 根,见图 4-18;对应转轴上部 CD 段门叶沿闸门宽度方向间隔 133.33 mm,设置一处高 50 mm、厚 8 mm 矩形加劲肋钢板,共 13 根,见图 4-19;转轴下部门叶沿闸门宽度方向间隔 113.23 mm,设置一处高 50 mm、厚 14 mm 矩形加劲肋钢板,共 14 根,见图 4-20。

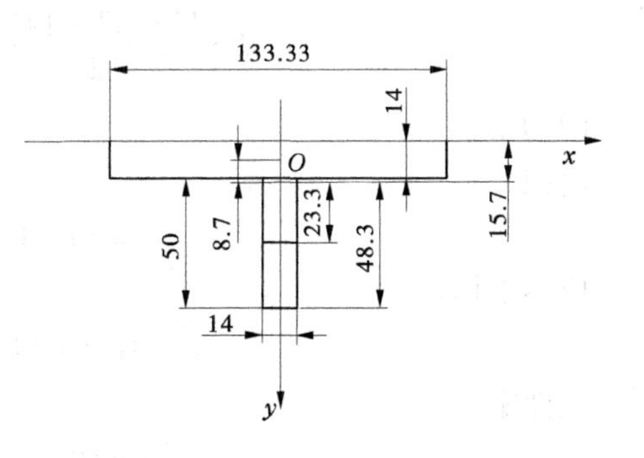

图 4-18　转轴上部 BD 段 T 形截面几何尺寸　(单位:mm)

以转轴上部 BD 段为例计算,见图 4-18。

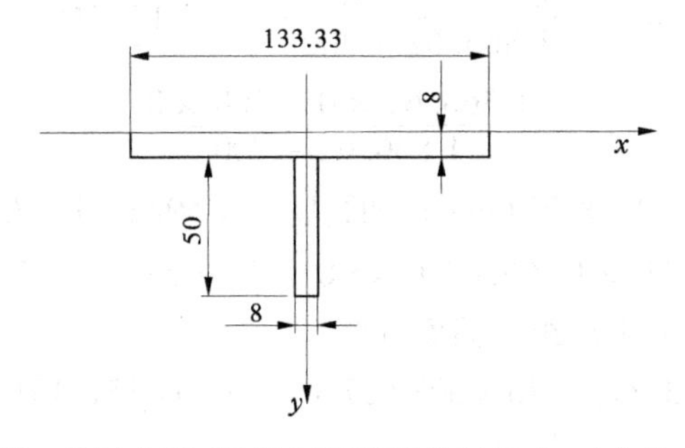

图 4-19　转轴上部 CD 段 T 形截面几何尺寸　(单位:mm)

T 形组合截面形心:

建立如图 4-18 所示坐标系,用 Excel 表格计算。

转轴上部闸门门叶:

(1)闸板。

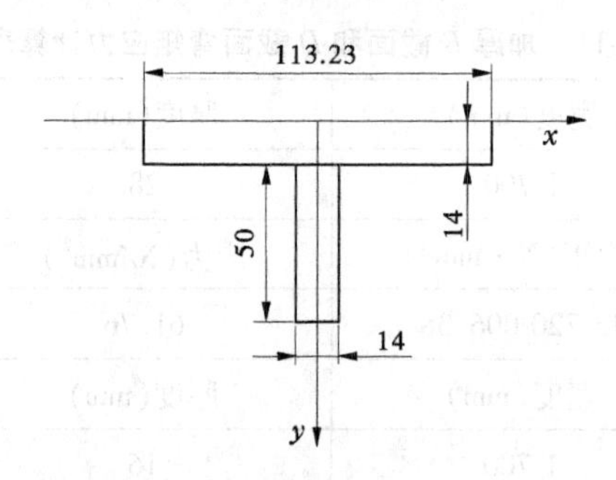

图 4-20　转轴下部 T 形截面几何尺寸　（单位：mm）

面积：

$$A = 133.33 \times 14 = 1\ 866.62(\mathrm{mm}^2)$$

形心坐标：

$$y = 14/2 = 7(\mathrm{mm}), x = 0$$

惯性矩：

$$I = \frac{133.33 \times 14^3}{12} = 30\ 488.13(\mathrm{mm}^4)$$

(2)加劲肋。

面积：

$$A = 50 \times 14 = 700(\mathrm{mm}^2)$$

形心坐标：

$$y = 50/2 + 14 = 39(\mathrm{mm}), x = 0$$

惯性矩：

$$I = \frac{14 \times 50^3}{12} = 145\ 833.33(\mathrm{mm}^4)$$

组合截面形心：

$$y_c = \frac{1\ 866.62 \times 7 + 700 \times 39}{1\ 866.62 + 700} = 15.73(\mathrm{mm})$$

$$x_c = \frac{1\ 866.62 \times 0 + 700 \times 0}{1\ 866.62 + 700} = 0$$

闸板 $y_c = 15.73 - 14/2 = 8.73(\mathrm{mm})$，加劲肋 $y_c = 50/2 - 15.73 + 14 = 23.27(\mathrm{mm})$，则 $I_{组} = 30\ 488.13 + 8.73^2 \times 1\ 866.62 + 145\ 833.33 + 23.27^2 \times 700 = 697\ 627.01(\mathrm{mm}^4)$

13 个加劲肋，计 13 个 T 形组合截面，则

$$I_{合} = 13 \times I_{组} = 13 \times 697\ 627.01 = 9\ 069\ 151.13(\mathrm{mm}^4)$$

拉应力：

$$\sigma_{\max} = \frac{My}{I_{合}} = \frac{13\ 720\ 006.38 \times 15.73}{9\ 069\ 151.13} = 23.80(\mathrm{N/mm}^2)$$

压应力：

$$\sigma_{\max} = \frac{My}{I_{合}} = \frac{13\ 720\ 006.38 \times (50 + 14 - 15.73)}{9\ 069\ 151.13} = 73.03(\mathrm{N/mm}^2)$$

均小于抗拉、抗压和抗弯$[\sigma]=160\ \text{N/mm}^2$,满足应力要求。

水平水压力产生的剪力 $Q=28\ 628.94$ N,剪力产生的应力:

$$\tau_{\max}=\frac{3}{2}\times\frac{Q}{A}=\frac{3}{2}\times\frac{28\ 628.94}{1\ 700\times 14}=1.80(\text{N/mm}^2)$$

闸门自重产生的轴力 $N=2\ 422.33$(N),轴力产生的应力:

$$\sigma=\frac{N}{A}=\frac{2\ 422.33}{1\ 700\times 14}=0.10(\text{N/mm}^2)$$

具体计算过程见表 4-12。

表 4-12　转轴上部门叶 *BD* 段 T 形截面应力计算

1	闸板						
	宽度 (mm)	高度 (mm)	面积 (mm^2)	形心坐标 x(mm)	形心坐标 y(mm)	惯性矩 (mm^4)	
	133.33	14	1 866.62	0	7	30 488.13	
2	加劲肋						
	宽度 (mm)	高度 (mm)	面积 (mm^2)	形心坐标 x(mm)	形心坐标 y(mm)	惯性矩 (mm^4)	
	14	50	700	0	39	145 833.33	
3	组合截面						
	x_c (mm)	y_c (mm)	闸板在组合截面形心 y_c(mm)	加劲肋在组合截面形心 y_c(mm)	单个组合截面惯性矩 (mm^4)	加劲肋个数 n	合计加劲肋惯性矩 (mm^4)
	0	15.73	8.73	23.27	697 627.01	13	9 069 151
4	弯矩 (N·mm)	作用点 y(mm)	弯矩产生的压应力 (N/mm^2)	6	剪力 (N)	水平压力产生的剪应力 (N/mm^2)	
	13 720 006.38	48.27	73.03		25 600.83	1.80	
5	弯矩 (N·mm)	作用点 y(mm)	弯矩产生的拉应力 (N/mm^2)	7	轴力(N)	闸门自重产生的轴应力 (N/mm^2)	
	13 720 006.38	15.73	23.80		1 873.05	0.10	

同理计算转轴上部 *CD* 段和转轴下部 *AB* 段闸门设置 14 根加劲肋强度情况,具体计算结果见表 4-13 和表 4-14。

表 4-13　转轴上部门叶 *CD* 段 T 形截面应力计算

1	闸板						
	宽度（mm）	高度（mm）	面积（mm^2）	形心坐标 x（mm）	形心坐标 y（mm）	惯性矩（mm^4）	
	133.33	14	1 866.62	0	7	30 488.13	
2	加劲肋						
	宽度（mm）	高度（mm）	面积（mm^2）	形心坐标 x（mm）	形心坐标 y（mm）	惯性矩（mm^4）	
	8	50	400	0	39	83 333.33	
3	组合截面						
	x_c（mm）	y_c（mm）	闸板在组合截面形心 y_c（mm）	加劲肋在组合截面形心 y_c（mm）	单个组合截面惯性矩（mm^4）	加劲肋个数 n	合计加劲肋惯性矩（mm^4）
	0	12.65	5.65	26.35	451 137.62	13	5 864 789
4	弯矩（N · mm）	作用点 y（mm）	弯矩产生的压应力（N/mm^2）	6	剪力（N）	水平压力产生的剪应力（N/mm^2）	
	2 993 246.67	51.35	26.21		9 912.7	0.63	
5	弯矩（N · mm）	作用点 y（mm）	弯矩产生的拉应力（N/mm^2）	7	轴力（N）	闸门自重产生的轴应力（N/mm^2）	
	2 993 246.6	12.65	6.45		732.37	0.03	

表 4-14　转轴下部门叶 T 形截面应力计算

1	闸板						
	宽度（mm）	高度（mm）	面积（mm^2）	形心坐标 x（mm）	形心坐标 y（mm）	惯性矩（mm^4）	
	113.23	14	1 585.22	0	7	25 891.93	
2	加劲肋						
	宽度（mm）	高度（mm）	面积（mm^2）	形心坐标 x（mm）	形心坐标 y（mm）	惯性矩（mm^4）	
	14	50	700	0	39	145 833.33	

续表 4-14

3	组合截面						
	x_c (mm)	y_c (mm)	闸板在组合截面形心 y_c(mm)	加劲肋在组合截面形心 y_c(mm)	单个组合截面惯性矩 (mm^4)	加劲肋个数 n	合计加劲肋惯性矩 (mm^4)
	0	16.80	9.80	22.20	668 957.78	14	9 365 409

4	弯矩 (N·mm)	作用点 y(mm)	弯矩产生的压应力 (N/mm^2)	6	剪力(N)	水平压力产生的剪应力 (N/mm^2)
	13 720 006.38	47.20	69.14		26 273.31	1.66
5	弯矩 (N·mm)	作用点 y(mm)	弯矩产生的拉应力 (N/mm^2)	7	轴力(N)	闸门自重产生的轴应力 (N/mm^2)
	13 720 006.38	16.80	24.61		1 321.93	0.06

结论：上述表 4-12 ~ 表 4-14 计算应力值都远小于钢号 Q235 钢材的容许应力：抗拉、抗压和抗弯$[\sigma]$ = 160 N/mm^2；抗剪$[\tau]$ = 95 N/mm^2；局部承压$[\sigma_{cd}]$ = 240 N/mm^2；局部紧接承压$[\sigma_{cj}]$ = 120 N/mm^2。满足强度应力要求。

4.3.3　闸门转轴强度校核

转轴是闸门实现旋转启闭的关键部件。门叶启闭时，闸门绕转轴旋转，转轴是闸门旋转活动支承，转轴两端由填料函套管套住，保证转轴自由转动，套管外围四周焊接钢筋，焊接钢筋被浇筑在混凝土闸墩边墙，固定在闸墩中，门叶结构所承受的总水压力、门叶的重量及开启过程中其他外力等，全部通过转轴传至闸墩，再传至地基。转轴采用钢质圆柱体断面，考虑长期旋转磨损和锈蚀，取值偏大，其圆形横截面直径为 80 mm，为了节约转轴用钢量，根据受力分析，一扇门叶两侧轴长各取 600 mm，中间为异形梁 1 300 mm。由于闸门开启至水平，牛腿分担一部分力，闸门门叶顶部水位较浅，转轴受力较小，故不考虑闸门开启水平转轴受力分析，只考虑闸门关闭竖立转轴受力分析。

4.3.3.1　闸门关闭竖立转轴内力计算

（1）转轴受到闸门上游水平水压力：

$$F_{水平} = 1\ 700 \times (2\ 545\,\gamma_{水} + 500\,\gamma_{水}) \times 2\ 045 \times \frac{1}{2}$$

$$= 1\ 700 \times (2\ 545 + 500) \times \frac{1}{2} \times 2\ 045 \times 1\ 000 \times 9.8 \times 10^{-9} = 51\ 871.12(\text{N})$$

（2）转轴两端所受钢板闸门自重竖向剪力（注意：转轴两端部设计为圆截面形式，中部是异形梁，目的是节约转轴用钢量。为了计算方便，剪力计算时，圆截面当作异形梁截

面计算,误差较小),查表4-3得:合计门叶自重9 412.28 N,即

$$F_{竖向}=9\ 412.28\ \text{N}$$

(3)合力计算,见图4-21。

$$F_{合}=\sqrt{F_{水平}^2+F_{竖向}^2}=\sqrt{51\ 871.12^2+9\ 412.28^2}=52\ 718.16(\text{N})$$

$$F/2=\frac{52\ 718.16}{2}=26\ 359.08(\text{N})$$

$$q=\frac{52\ 718.16}{1\ 700}=31.01(\text{N/mm})$$

$$\tan\theta=\frac{F_{竖向}}{F_{水平}}=\frac{9\ 412.28}{51\ 871.12}=0.18$$

$$\theta=10.28°$$

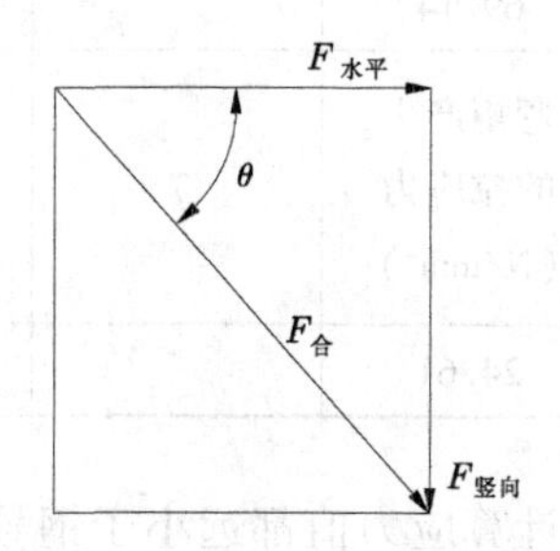

图4-21　转轴分力和合力分析

(4)弯矩计算。

转轴视为计算长度1 700 mm加一端支承150 mm简支梁计算,均布荷载计算不考虑两端各支承150 mm,为安全计,最大弯矩发生在转轴中间,计算如下:

$$M_{\max}=\frac{1}{8}ql^2=\frac{1}{8}\times 31.01\times(1\ 700+150)^2=13\ 266\ 756.6(\text{N}\cdot\text{mm})$$

具体计算程序见表4-15。

表4-15　转轴受力计算

转轴长度(m)	转轴两端所受水平剪力 $F_{水平}$(N)	转轴两端所受竖向剪力 $F_{竖向}$(N)	剪力合力 F(N)	$\tan\theta$	闸墩边墙厚度(mm)
1.7	51 871.12	9 412.28	52 718.16	0.18	150

$\arctan\theta$	角度 θ (°)	转轴一端剪力(N)	转轴分布力 q(N/mm)	转轴中间最大弯矩 $M_{\max}$(N·mm)
0.18	10.28	26 359.08	31.01	13 266 756.6

4.3.3.2　绘制闸门转轴内力图

根据表4-15中数值绘制转轴内力图4-22～图4-25。

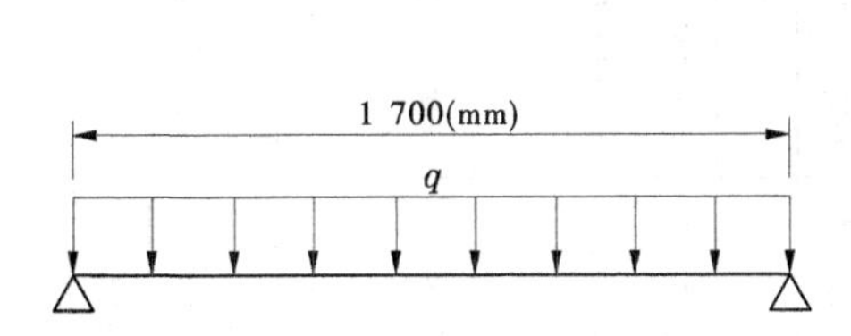

图 4-22　闸门门叶竖向关闭转轴受力简图

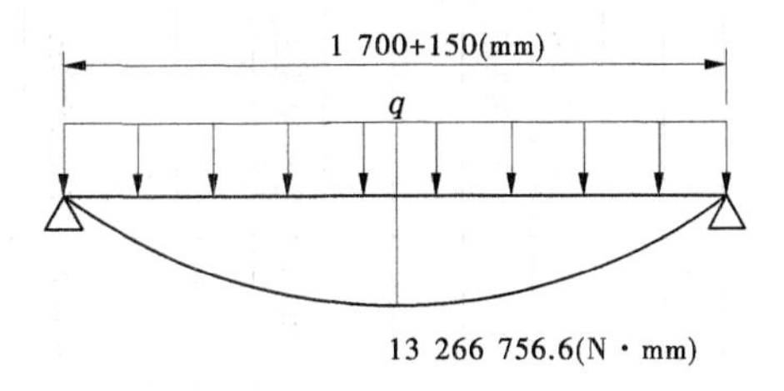

图 4-23　弯矩 M 图

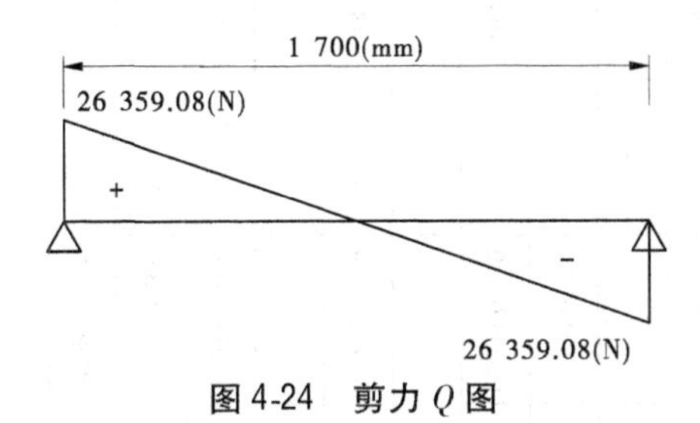

图 4-24　剪力 Q 图

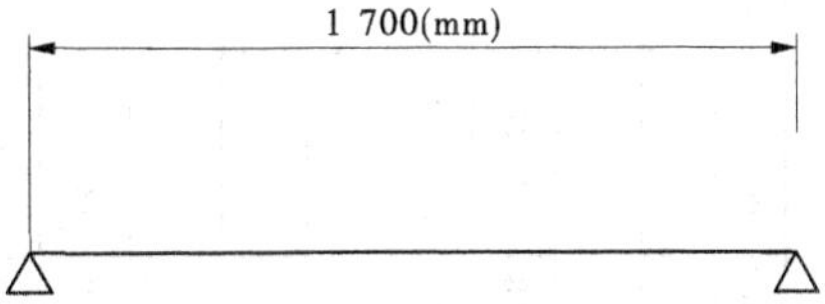

1 700(mm)

图 4-25　轴力 N 图

4.3.3.3　转轴强度校核

1)抗剪应力计算

圆截面的最大剪应力:

$$\tau_{\max} = \frac{Q S_z^*}{I_{zb}} = \frac{Q d^3/12}{(\pi d^4/64)d} = \frac{4}{3}\frac{Q}{A}$$

式中:A 为圆截面面积,$A = \frac{\pi d^2}{4}$。

2)抗弯应力计算

为简化计,偏安全考虑,将 T 形梁视作工字梁 28b,近似采用 28b 工字钢参数,查材料力学附表得:

截面模量:

$$W_Z = 534.29\ \text{cm}^3 = 534.29 \times 1\ 000(\text{mm}^3) = 534\ 290(\text{mm}^3)$$

最大弯矩见表 4-15,则:

$$\sigma_{\max} = \frac{M_{\max}}{W_Z} = \frac{13\ 266\ 756.6}{534\ 290} = 24.83(\text{N/mm}^2)$$

3)抗扭应力计算

(1)上游集水井重锤拉回弯矩。

计算工况:闸门处于开启水平状态时,闸门上游水位为零,水箱里面无水,重锤拉回闸门弯矩 $M = -1\ 877.25(\text{N} \cdot \text{mm})$,具体计算程序见表 4-16。

(2)下游集水井重锤扳开弯矩。

闸门处于蓄水关闭竖立状态,重锤将闸门打开。

①上游不蓄水不变弯矩。

计算程序见表 4-17,$M = -524\ 042.28(\text{N} \cdot \text{mm})$。

表 4-16　闸门处于开启水平状态上游集水井重锤自重计算

序号	区域名称	半径(mm)	π	角度(弧度)	钢板厚度(mm)	面积(mm^2)	长度(mm)	体积(mm^3)	容重(N/mm^3)	重量(N)	重心(mm)	力矩(N·mm)	备注
	一、以闸门转轴为界，闸门短边受力分析												
1	水箱扇形区域 1 水重	197	3.14	0.79		30 481	1 472	44 867 321	0.000 009 8	439.70	415.6	0	左旋弯矩为正
2	水箱 325 mm 矩形区水重	197	325		14	64 025	1 472	94 244 800	0.000 009 8	923.60	169.5	0	左旋弯矩为正
小计								139 112 121	0.000 009 8	1 363.30			
		半径(mm)	π	角度(°)									
1	水箱四分之一弧形钢板	221	3.14	90	48	166 631	1 472	24 527 947	0.000 076 9	1 886.93	472.7	891 940.88	左旋弯矩为正
2	717 mm 短板钢闸门	高度(mm)	宽度(mm)										
		14	722		14	10 108	1 700	17 183 600	0.000 076 9	1321.93	361.0	477 218.30	左旋弯矩为正
3	339 mm 水箱钢板	48	339		48	16 272	1 472	23 952 384	0.000 076 9	1 842.66	162.5	299 431.75	左旋弯矩为正
4	水箱左侧挡板扇形板	半径(mm)	π	角度(弧度)									
		245	3.14	0.79	14	47 144	14	660 009	0.000 076 9	50.77	436.0	22 136.74	左旋弯矩为正
5	水箱左侧挡板大矩形板	高度(mm)	宽度(mm)										
		309	339		14	104 751	14	1 466 514	0.000 076 9	112.82	162.5	18 333.07	左旋弯矩为正
6	水箱左侧挡板小矩形板	50	245		14	12 250	14	171 500	0.000 076 9	13.19	454.5	5 996.44	左旋弯矩为正
7	水箱右侧挡板扇形板	半径(mm)	π	角度(弧度)									
		245	3.14	0.79	14	47 144	14	660 009	0.000 076 9	50.77	436.0	22 136.74	左旋弯矩为正
8	水箱右侧挡板大矩形板	高度(mm)	宽度(mm)										
		309	339		14	104 751	14	1 466 514	0.000 076 9	112.82	162.5	18 333.07	左旋弯矩为正
9	水箱右侧挡板小矩形板	50	245		14	12 250	14	171 500	0.000 076 9	13.19	454.5	5 996.44	左旋弯矩为正
10	止水橡皮摩擦力					偏安全考虑计算一点摩擦力矩，采取减摩擦力止水措施后，摩擦力矩可忽略						−142 464.00	右旋弯矩为负

续表 4-16

序号	区域名称	半径(mm)	π	角度(弧度)	钢板厚度(mm)	面积(mm^2)	长度(mm)	体积(mm^3)	容重(N/mm^3)	重量(N)	重心(mm)	力矩(N·mm)	备注
				块数 n	改变加劲肋厚度求平衡								
11	14 块加劲肋	562	50	14	14	393 400		5 507 600	0.000 076 9	423.70	321.0	136 007.59	左旋弯矩为正
12	水箱受到上游水平静水压力	309				47 741	1 500	71 610 750	0.000 009 8	701.79	152.0	0	左旋弯矩为正
	闸门水箱外侧加配重计算	配重长度(mm)	配重厚度(mm)	配重宽度(mm)	根数 n	材料容重(N/mm^3)	重量(N)	折算重量(kg)			力臂(mm)	力矩(N·mm)	
13		1 472	14	90	1	0.000 076 9	142.68	14.56			204.0	29 107.46	左旋弯矩为正
	二、以闸门转轴为界,闸门长边受力分析												
		高度(mm)	长度(mm)			面积(mm^2)	宽度						
14	闸门门叶矩形板下端部	14	623			8 722	1 700	14 827 400	0.000 076 9	1 140.67	299.0	-341 060.89	右旋弯矩为负
15	闸门门叶矩形板上端部	8	700			5 600	1 700	9 520 000	0.000 076 9	732.37	973.0	-712 599.51	
16	加强板	48	93			4 464	1 472	6 571 008	0.000 076 9	505.51	53.5	-27 044.66	右旋弯矩为负
17	止水橡皮摩擦力					偏安全考虑计算一点摩擦力矩,采取减摩擦力止水措施后,摩擦力矩可忽略						-142 464.00	右旋弯矩为负
		长度(mm)	高度(mm)	块数 n	厚度(mm)								
18	13 块加劲肋	700	50	13	8	455 000		3 640 000	0.000 076 9	280.03	848.0	-237 461.37	右旋弯矩为负
19		558	50	13	14	362 700		5 077 800	0.000 076 9	390.64	299.0	-116 799.91	右旋弯矩为负
	闸门转轴摩擦力矩	转轴半径(mm)	闸门蓄水转轴两端所受合力(N)	摩擦系数	滑动摩擦力(N)						力臂(mm)		
20		40	10 431.07	0.5	5 215.53						40.0	-208 621.39	右旋弯矩为负
总计										10 241.31		-18 77.25	
									力臂(mm)	1 293.00	重锤自重(N)	-1.45	

表 4-17 闸门处于关闭竖立状态下游集水井重锤自重计算

序号	区域名称	半径(mm)	π	角度(弧度)	钢板厚度(mm)	面积(mm²)	长度(mm)	体积(mm³)	容重(N/mm³)	重量(N)	重心(mm)	力矩(N·mm)	备注
	以闸门转轴为中心,闸门左旋或者右旋受力分析												
1	水箱四分之一弧形钢板	半径(mm)	π	角度(°)									
		221	3.14	90	48	16 663	1 472	24 527 947	0.000 076 9	1 886.93	150.7	284 347.83	右旋弯矩
2	2 100~55 mm 整板闸门矩形板	高度(mm)	宽度(mm)										
		700	8			5 600	1 700	9 520 000	0.000 076 9	732.37	50.0	−36 618.68	左旋弯矩
		1 345	14			18 830	1 700	32 011 000	0.0 000 769	2 462.61	47.0	−115 742.49	左旋弯矩
3	转轴上端 13 块加劲肋			块数 n									
		558	50	13	14	362 700		5 077 800	0.000 076 9	390.64	15.0	−5 859.53	左旋弯矩
		700	50	13	8	455 000		3 640 000	0.000 076 9	280.03	21.0	−5 880.53	左旋弯矩
4	转轴下端 14 块加劲肋	562	50	14	14	393 400		5 507 600	0.000 076 9	423.70	15.0	−6 355.50	左旋弯矩
5	339 mm 水箱钢板	48	339			16 272	1 472	23 952 384	0.000 076 9	1 842.66	231.0	425 653.74	右旋弯矩
6	加强板	93	48			4 464	1 472	6 571 008	0.0 000 769	505.51	231.0	116 772.27	右旋弯矩
7	T 形腹板	14	247			3 458	1 472	5 090 176	0.000 076 9	391.59	83.5	32 697.53	右旋弯矩
8	水箱左侧挡板扇形板	半径(mm)	π	角度(弧度)									
		245	3.14	0.79	14	47 144	14	660 009	0.000 076 9	50.77	11	5 787.34	右旋弯矩
9	水箱左侧挡板矩形板	高度(mm)	宽度(mm)										
		339	309		14	104 751	14	1 466 514	0.000 076 9	112.82	100.5	11 338.30	右旋弯矩
10	水箱右侧挡板扇形板	半径(mm)	π	角度(弧度)									
		245	3.14	0.79	14	47 144	14	660 009	0.000 076 9	50.77	11	5 787.34	右旋弯矩
11	水箱右侧挡板矩形板	高度(mm)	宽度(mm)										
		339	309		14	104 751	14	1 466 514	0.000 076 9	112.82	100.5	11 338.30	右旋弯矩
12	水箱左侧挡板小矩形板	245	50		14	12 250	14	171 500	0.000 076 9	13.19	−15.0	−197.90	左旋弯矩
13	水箱右侧挡板小矩形板	245	50		14	12 250	14	171 500	0.000 076 9	13.19	−15.0	−197.90	左旋弯矩
14	闸门底端止水橡皮摩擦力矩	按以往普通止水措施,摩擦力很大;采取减摩擦力止水措施后,摩擦力可忽略							重量合计(N)	9 269.60		0	

续表 4-17

序号	区域名称	半径(mm)	π	角度(弧度)	钢板厚度(mm)	面积(mm^2)	长度(mm)	体积(mm^3)	容重(N/mm^3)	重量(N)	重心(mm)	力矩(N·mm)	备注
15	闸门侧止水橡皮摩擦力矩	偏安全考虑计算一点摩擦力矩,采取减摩擦力止水措施后,摩擦力可忽略										−142 464	左旋弯矩
16	闸门板底部配重计算	配重长度(mm)	配重厚度(mm)	配重宽度(mm)	根数 n	材料容重(N/mm^3)	重量(N)	折算重量(kg)			力臂(mm)	力矩(N·mm)	
		1 472	14	90	0	0.000 076 93	0	0			61.0	0	右旋弯矩
17	闸门转轴摩擦力矩	转轴半径(mm)	闸门蓄水转轴两端所受合力(N)	摩擦系数	滑动摩擦力(N)				合计门叶自重(N)	9 412.28	力臂(mm)	力矩(N·mm)	
		40	55 222.42	0.5	27 611.21						40.0	−1 104 448.41	左旋弯矩
18	闸门上游蓄满水水压	蓄水高度(mm)	不同图形	宽度(mm)	闸门叶高度(mm)					水压(N)			
		0		1 700	0				总水压	0			
	蓄水高度必须大于等于2 045 mm 高水位才有意义	0	三角形	1 700	0					0	−722.0	0	左旋弯矩
		0	矩形	1 700	0					0	−722.0	0	右旋弯矩
合计												−524 042.28	
		蓄水高度(mm)											
		1 444	三角形	1 700	2 045					17 369.18	−40.33	−700 557.04	左旋弯矩
	再合计											−1 224 599.33	
								力臂(mm)	1 293	重锤自重(N)	−947.10		

②上游蓄水最大弯矩。

计算工况:闸门处于关闭竖立状态,设闸门上游水深为 h,水箱里面无水,重锤扳倒闸门力计算公式如下:

$$G = \left[\frac{1\ 700}{2}h^2\gamma_{水}\left(\frac{h}{3} - 722\right) + 524\ 042.29\right] \div 1\ 293$$

将上式两端对 h 求导数得:

$$G' = \left\{\left[\frac{1\ 700}{2}h^2\gamma_{水}\left(\frac{h}{3} - 722\right) + 524\ 042.29\right] \div 1\ 293\right\}'$$

令 $G'=0$ 得:

$$h^2 - 2 \times 722\ h = 0$$

得极值 $h=1\ 444$ mm,根据本工程实际情况,此时 $h=1\ 444$ mm 也是最大弯矩 $M_{max}=-1\ 224\ 599.33$ N · mm 蓄水深度。

将上述计算弯矩值列入表 4-18。

表 4-18　转轴扭矩汇总

序号	转轴扭矩	数值
1	上游集水井重锤拉回弯矩(N · mm)	−1 877.25
2	下游集水井重锤扳开弯矩(N · mm)	−1 224 599.33

显然,转轴最大扭矩 $M_T=1\ 224\ 599.33$ N · mm(取正号)

$$\tau_{max} = \frac{M_T}{W_T} = \frac{M_T}{(\pi d^3)/16} = \frac{1\ 224\ 599.33}{(\pi 80^3)/16} = 12.18(\text{N/mm}^2)$$

具体见表 4-19。

表 4-19　转轴应力计算

转轴圆截面直径(mm)	转轴圆截面积(mm^2)	转轴最大剪力 Q(N)	转轴最大剪应力 τ(N/mm^2)
80	5 026.55	26 359.08	6.99
转轴长度(mm)	转轴跨中最大弯矩 M(N · mm)	折合转轴跨中最大弯矩 M(kg · m)	工字梁截面模量(mm^3)
1 700	13 266 756.6	1 353.75	534 290
转轴跨中最大弯曲应力 σ(N/mm^2)	转轴扭矩(N · mm)	抗扭截面模量(mm^3)	扭矩应力(N/mm^2)
24.83	1 224 599.33	100 530.96	12.18

4)结论

表 4-19 计算应力值都远小于钢号 Q235 钢材的容许应力:抗拉、抗压和抗弯[σ]=160 N/mm^2;抗剪[τ]=95 N/mm^2;局部承压[σ_{cd}]=240 N/mm^2;局部紧接承压[σ_{cj}]=120

N/mm²。满足强度要求。

4.4　闸门结构刚度校核

4.4.1　计算条件说明

闸门处于开启水平泄水状态，闸门旋转至牛腿上，同时受到转轴和牛腿支承，闸门受力较均匀，变形小，较为有利，无须进行刚度校核；闸门处于关闭竖立蓄水即将开启状态，闸门受到约束少，门叶完全依靠转轴支承，较为不利，需进行刚度校核，主要是校核转轴和门叶刚度。

4.4.2　闸门转轴中段工字梁刚度校核

4.4.2.1　抗弯刚度校核

在土建工程方面，梁挠度与跨度之比$\left[\frac{v}{l}\right]$的值常限制在1/1 000～1/250范围内；对主要的轴，$\left[\frac{v}{l}\right]$的值则限制在1/10 000～1/5 000范围内，等等。

刚度条件需满足：$\frac{v_{max}}{l}\leqslant\left[\frac{v}{l}\right]$，其中$v$表示挠度，$l$表示轴计算长度。

应当指出，对于一般土建工程中的构件，强度要求如能满足，刚度条件一般也能满足。因此，在设计工作中，刚度要求比起强度要求，常处于从属地位。但是当正常工作条件对构件的位移限制得很严，或按强度条件所选用的构件过于单薄时，刚度条件也有可能起控制作用。

闸门转轴简化成简支梁，见图4-26。

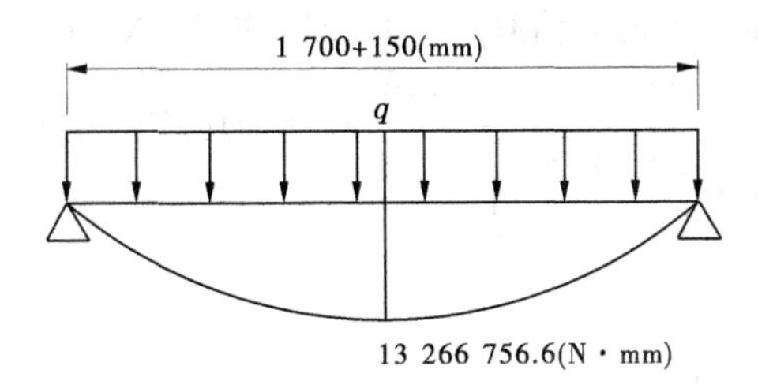

图4-26　闸门门叶竖向关闭转轴弯矩图

在均布荷载作用下，转轴梁的跨中点挠度必须满足计算公式：

$$v_c=\frac{5ql^4}{384EI}<\frac{1}{250}l$$

闸门圆形转轴方便闸门旋转，在门叶两侧承受剪力作用，在门叶中部，转轴主要承受弯矩作用，圆形转轴设计变为工字形。本次计算不考虑闸门门叶整体作用，仅仅考虑工字梁局部作用，是偏安全的。该工字梁转轴有关参数列如下：

弹性模量：

$$E=2\ 100\ 000\ \text{kg/cm}^2=2\ 100\ 000\times9.8\div100=205\ 800(\text{N/mm}^2)$$

均布荷载:

$$q=31.01\ \text{N/mm}$$

计算跨度:

$$l=1\ 700+150=1\ 850(\text{mm})$$

为简化计算,近似采用28b工字钢惯性矩 $I=7\ 480\ \text{cm}^4=74\ 800\ 000\ \text{mm}^4$

$$v_c=\frac{5ql^4}{384EI}=\frac{5\times31.01\times1\ 850^4}{384\times205\ 800\times74\ 800\ 000}=0.31(\text{mm})\ <\ 1\ 850/250=7.4(\text{mm})$$

满足刚度条件要求。

4.4.2.2 工字梁转轴局部稳定性校核

当满足 $\frac{h_0}{\delta}\leqslant80\sqrt{\frac{240}{\sigma_s}}$ 条件时,才可以认为腹板厚度足以保证在强度破坏之前不会丧失局部稳定性,不需配置加劲肋板。其中腹板计算高度 $h_0=h-2r=247-2\times2=243(\text{mm})$;腹板厚度 $\delta=14\ \text{mm}$;钢材屈服点 $\sigma_s=19\ \text{kg/mm}^2=19\times9.8=186.2(\text{N/mm}^2)$,将这些数字代入上式得:

$$243/14=17.36<80\times\sqrt{\frac{240}{186.2}}=90.83$$

计算结果表明:腹板厚度足以保证在强度破坏之前不会丧失局部稳定性,不需配置加劲肋板,工字梁转轴局部稳定性满足要求。

4.4.2.3 抗扭刚度校核

$$\frac{M_{\text{Tmax}}}{GI_\rho}\times\frac{180}{3.14}\leqslant[\theta]$$

式中:M_{Tmax}、G、I_ρ 的单位分别用N·m、Pa和m^{4}表示。

由表4-18已知,转轴扭矩最大值 $M_{\text{Tmax}}=1\ 224\ 599.33\ \text{N·mm}$,则:

$$\frac{1\ 224\ 599.33}{80\ 000\times1\ 000\ 000\times\left(\frac{3.14\times80^4}{32}\right)}\times\frac{180}{3.14}=2.18\times10^{-10}(°/\text{m})\leqslant[\theta]=2(°/\text{m})$$

满足抗扭刚度要求。

4.4.3 闸门门叶刚度校核

4.4.3.1 承受三角形均布荷载沿轴线等截面同质悬臂梁挠度计算公式推导

沿悬臂梁轴线承受三角形均布荷载,公式所用符号说明:q 表示悬臂梁固定端最大均布荷载;v 表示挠度;v' 数值上等于悬臂梁固定端转角;I 表示惯性矩;E 表示材料弹性模量;l 表示悬臂梁全长;M 表示悬臂梁截面弯矩;x 表示离开原点 O 沿着 X 轴正方形任意截面位置;b 表示悬臂梁截面宽度;h 表示悬臂梁截面高度,见图4-27。

公式推导过程如下:

$$EIv''=M$$

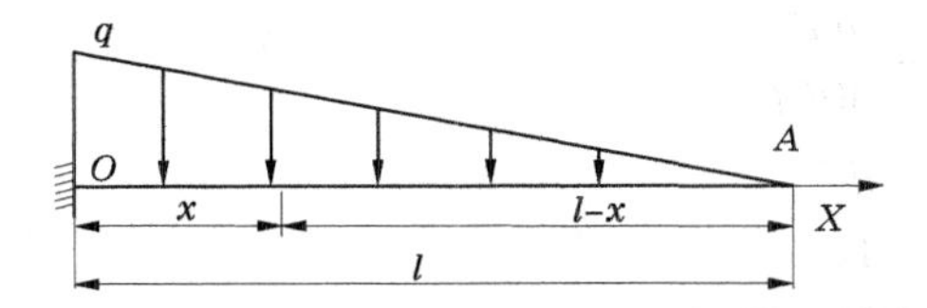

图 4-27　承受三角形均布荷载沿轴线等截面同质悬臂梁挠度计算简图

$$EIv'' = -\frac{1}{3}(l-x)\cdot\frac{1}{2}\frac{q(l-x)}{l}\cdot(l-x)$$

$$-\frac{6EIl}{q}v'' = (l-x)^{3}$$

$$-\frac{6EIl}{q}v'' = (l-x)(l^{2}+x^{2}-2lx)$$

$$-\frac{6EIl}{q}v'' = l^{3}+lx^{2}-2l^{2}x-xl^{2}-x^{3}+2lx^{2}$$

$$-\frac{6EIl}{q}v'' = l^{3}-3l^{2}x+3lx^{2}-x^{3}$$

$$-\frac{6EIl}{q}v' = xl^{3}-3l^{2}\frac{x^{2}}{2}+3l\frac{x^{3}}{3}-\frac{x^{4}}{4}+C_{1}$$

$$-\frac{6EIl}{q}v = \frac{x^{2}}{2}l^{3}-3l^{2}\frac{x^{3}}{6}+3l\frac{x^{4}}{12}-\frac{x^{5}}{20}+C_{1}x+C_{2}$$

边界条件是:①$x=0, v'=0$ 得:常数$C_1=0$;②$x=0, v=0$ 得:常数 $C_2=0$。

所以

$$-\frac{6EIl}{q}v' = xl^{3}-3l^{2}\frac{x^{2}}{2}+3l\frac{x^{3}}{3}-\frac{x^{4}}{4}$$

$$-\frac{6EIl}{q}v = \frac{x^{2}}{2}l^{3}-3l^{2}\frac{x^{3}}{6}+3l\frac{x^{4}}{12}-\frac{x^{5}}{20}$$

当 $x=l$ 时:

$$-\frac{6EIl}{q}v' = ll^{3}-3l^{2}\frac{l^{2}}{2}+3l\frac{l^{3}}{3}-\frac{l^{4}}{4}$$

$$-\frac{6EIl}{q}v' = \frac{l^{4}}{4}$$

$$-\frac{EI}{q}v' = \frac{l^{3}}{24}$$

$$v' = -\frac{ql^{3}}{24EI}$$

当 $x=l$ 时:

$$-\frac{6EIl}{q}v = \frac{1}{2}l^{5}-3\frac{l^{5}}{6}+3\frac{l^{5}}{12}-\frac{l^{5}}{20}$$

$$-\frac{6EIl}{q}v = \frac{l^{5}}{5}$$

$$v = -\frac{q\,l^4}{30EI}$$

惯性矩 $I = \frac{bh^3}{12}$

4.4.3.2 竖立闸门门叶计算图形简化

由于闸门顶端 C 点为自由端,可以将门叶转轴上部简化为悬臂梁;而闸门门叶即将开启时,门叶底端 B 无支承,为自由端,也将门叶转轴下部简化为悬臂梁。因此,将竖立闸门门叶简化成以转轴 B 点为固定端,上下为悬臂梁,见图 4-28。

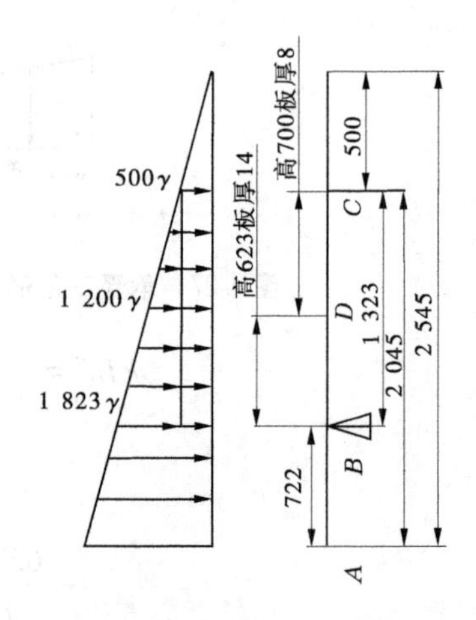

图 4-28 竖立闸门门叶简化成悬臂梁简图(单位:mm)

根据闸门门叶结构布置和受力分析,以转轴为界,将门叶刚度校核分为上下两部分计算:转轴上部门叶刚度校核和转轴下部门叶刚度校核,下面分别计算。

1.转轴上部门叶刚度校核

1)计算简图

下面将转轴上部门叶简化成悬臂梁计算,见图 4-29,由于 BD 段与 CD 段门叶板厚度不同,所以需要先分段计算挠度,然后线性叠加 BD 段 D 点挠度 v_D 和 CD 段 C 点挠度 v_C,得到 BC 段 C 点总挠度 $v_{C总}$,验算是否满足刚度要求。

2)刚度校核

(1)计算 CD 段 C 点挠度

闸门门叶 T 形加劲肋横截面几何尺寸参数,见图 4-30。

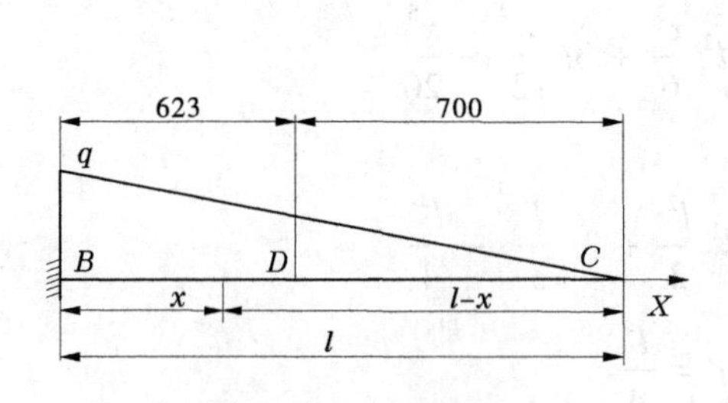

图 4-29 悬臂梁刚度计算简图 (单位:mm)

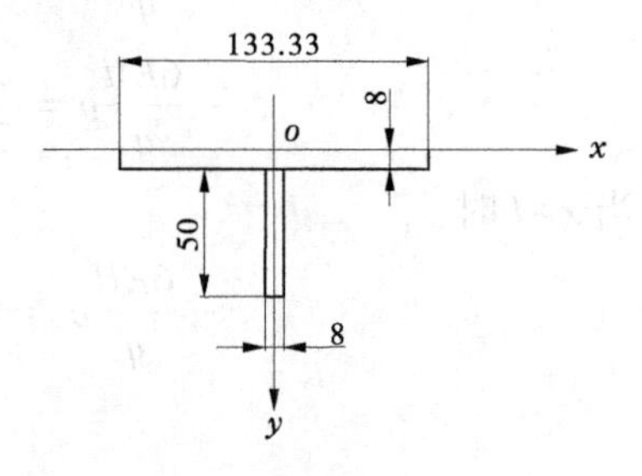

图 4-30 转轴上部 CD 段 T 形截面几何尺寸 (单位:mm)

T 形组合截面形心计算,见表 4-20。

悬臂梁长度 l = 700 mm;材料弹性模量 E = 2 100 000 kg/cm^2 = 2 100 000×9.8÷100 = 205 800(N/mm^2)。

①荷载计算。

悬臂梁 CD 段门叶高度 700 mm,正常情况下,闸门顶端蓄水深度超过 162.37 mm 之后才开启。但是闸门实际运行会碰到许多无法预测的情况,为安全计,取闸门蓄至高出闸门顶端水深 500 mm 时,闸门才开始开启,以此状态进行刚度分析。与前面章节 4.3 闸门结构强度校核一致。

底端作用荷载：

$$q_{底}=(700+500)\times 1\ 000\times 9.8\times 10^{-9}\times 1\ 700=19.99(\text{N/mm})$$

顶端作用荷载：

$$q_{顶}=500\times 1\ 000\times 9.8\times 10^{-9}\times 1\ 700=8.33(\text{N/mm})$$

②挠度计算。

梯形荷载计算比较麻烦，将它分解为矩形和三角形荷载计算，较为方便。

矩形均布荷载作用挠度：

$$\upsilon_{矩形}=\frac{q_0 l^4}{8EI}=\frac{8.33\times 700^4}{8\times 205\ 800\times 4\ 337\ 774.45}=0.28(\text{mm})$$

三角形均布荷载作用挠度：

$$\upsilon_{三角}=\frac{(19.99-8.33)\times 700^4}{30\times 205\ 800\times 4\ 337\ 774.45}=0.10(\text{mm})$$

总挠度：

$$\upsilon_{DC}=0.28+0.10=0.38(\text{mm})<\frac{l}{250}=\frac{700}{250}=2.80(\text{mm})$$

满足刚度要求。计算具体结果见表 4-20。

表 4-20　转轴上部 *CD* 段 T 形截面门叶刚度计算

1	闸板几何参数					
	宽度(mm)	高度(mm)	面积(mm^2)	形心坐标 x(mm)	形心坐标 y(mm)	惯性矩(mm^4)
	133.33	8	1 066.64	0	4	5 688.75
2	加劲肋几何参数					
	宽度(mm)	高度(mm)	面积(mm^2)	形心坐标 x(mm)	形心坐标 y(mm)	惯性矩(mm^4)
	8	50	400	0	33	83 333.33
3	组合截面几何参数					
	x_c(mm)	y_c(mm)	闸板在组合截面形心 y_c(mm)	加劲肋在组合截面形心 y_c(mm)	单个组合截面惯性矩(mm^4)	加劲肋个数 n
	0	11.91	7.91	21.09	333 674.96	13
4	合计加劲肋惯性矩(mm^4)	门叶高度(mm)	钢材弹性模量(N/mm^2)	门叶顶部荷载(N/mm)	门叶底部荷载(N/mm)	
	4 337 774.45	700	205 800	8.33	19.99	
5	矩形荷载挠度(mm)	三角形荷载挠度(mm)	总挠度(mm)	允许挠度 $l/250$(mm)	结论	
	0.28	0.10	0.38	2.80	总挠度小于允许挠度，满足刚度要求	

(2)计算 BD 段 D 点挠度

闸门门叶分割计算单元几何参数,见图 4-31。

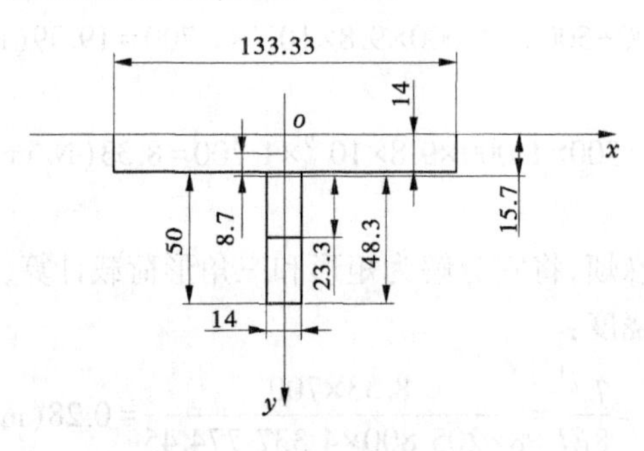

图 4-31 转轴上部 BD 段 T 形截面几何尺寸 (单位:mm)

悬臂梁长度 $l = 623$ mm;材料弹性模量 $E = 2\ 100\ 000\ \text{kg/cm}^2 = 2\ 100\ 000 \times 9.8 \div 100 = 205\ 800(\text{N/mm}^2)$。

①荷载计算。

悬臂梁 BD 段门叶高度 623 mm,通常情况下,闸门顶端达到蓄水深度(如 162.37 mm)之后才开启。但是闸门实际运行会碰到无法预测的情况,为安全计,取闸门蓄至高出闸门顶端水深 500 mm 时,闸门才开始开启,以此状态进行刚度分析。与前面章节 4.3 闸门结构强度校核一致。

底端作用荷载:

$$q_{底} = (1\ 323+500) \times 1\ 000 \times 9.8 \times 10^{-9} \times 1\ 700 = 30.37(\text{N/mm})$$

顶端作用荷载:

$$q_{顶} = (700+500) \times 1\ 000 \times 9.8 \times 10^{-9} \times 1\ 700 = 19.99(\text{N/mm})$$

②挠度计算。

所受荷载为梯形分布,计算比较麻烦,将它分解为矩形和三角形荷载计算,较为方便。

矩形均布荷载作用挠度:

$$\upsilon_{矩形} = \frac{q_0 l^4}{8EI} = \frac{19.99 \times 623^4}{8 \times 205\ 800 \times 9\ 069\ 150.95} = 0.20(\text{mm})$$

三角形均布荷载作用挠度:

$$\upsilon_{三角} = \frac{(30.37 - 19.99) \times 623^4}{30 \times 205\ 800 \times 9\ 069\ 150.95} = 0.03(\text{mm})$$

总挠度:

$$\upsilon_{BD} = 0.20 + 0.03 = 0.23(\text{mm}) < \frac{l}{250} = \frac{623}{250} = 2.49(\text{mm})$$

满足刚度要求。具体计算结果见表 4-21。

(3)计算 BC 段 C 点挠度

$$\upsilon_{BC} = \upsilon_{DC} + \upsilon_{BD} = 0.38 + 0.23 = 0.61(\text{mm}) < \frac{l}{250} = \frac{1\ 323}{250} = 5.29(\text{mm})$$

经计算满足刚度要求。

表 4-21　转轴上部 *BD* 段 T 形截面门叶刚度计算表

1	闸板几何参数					
	宽度(mm)	高度(mm)	面积(mm^2)	形心坐标 x(mm)	形心坐标 y(mm)	惯性矩(mm^4)
	133.33	14	1 866.62	0	7	30 488.13
2	加劲肋几何参数					
	宽度(mm)	高度(mm)	面积(mm^2)	形心坐标 x(mm)	形心坐标 y(mm)	惯性矩(mm^4)
	14	50	700	0	39	145 833.33
3	组合截面几何参数					
	x_c (mm)	y_c (mm)	闸板在组合截面形心 y_c(mm)	加劲肋在组合截面形心 y_c(mm)	单个组合截面惯性矩 (mm^4)	加劲肋个数 n
	0	15.73	8.73	23.27	697 627.00	13
4	合计加劲肋惯性矩 (mm^4)	门叶高度 (mm)	钢材弹性模量 (N/mm^2)	门叶顶部荷载 (N/mm)	门叶底部荷载 (N/mm)	
	9 069 150.95	623.00	205 800	19.99	30.37	
5	矩形荷载挠度 (mm)	三角形荷载挠度 (mm)	总挠度 (mm)	允许挠度 l/250(mm)	结论	
	0.20	0.03	0.23	2.49	总挠度小于允许挠度，满足刚度要求	

总结:为了减薄转轴上部闸门板设计厚度,可以增设门叶上部加劲肋,这样减少闸门开启水平位置回位翻转关闭力矩。但是当闸门开启至水平时,闸门回位翻转关闭可能有困难,可以采用以下四种办法解决:①加厚下部加劲肋;②增加水箱壁厚,但会缩小闸门下部过水高度;③增加转轴下部闸门板配重;④向上移动闸门转轴位置,增大闸门下部分配比例。设计时,需要反复调整闸门各部分结构尺寸,直至满足要求为止。

2.转轴下部门叶刚度校核

计算 *AB* 段 *A* 点挠度,与计算转轴上部门叶挠度同理。

闸门门叶 T 形加劲肋横截面几何尺寸参数,见图 4-32。

悬臂梁长度 l = 722 mm;材料弹性模量 $E = 2\ 100\ 000\ kg/cm^2 = 2\ 100\ 000 \times 9.8 \div 100 = 205\ 800(N/mm^2)$。

(1)荷载计算。

悬臂梁 *AB* 段门叶高度 722 mm,闸门顶端达到蓄水深度(如 162.37 mm)之后才开启。但是闸门实际运行会碰到无法预测的情况,为安全计,取闸门蓄至高出闸门顶端水深 500

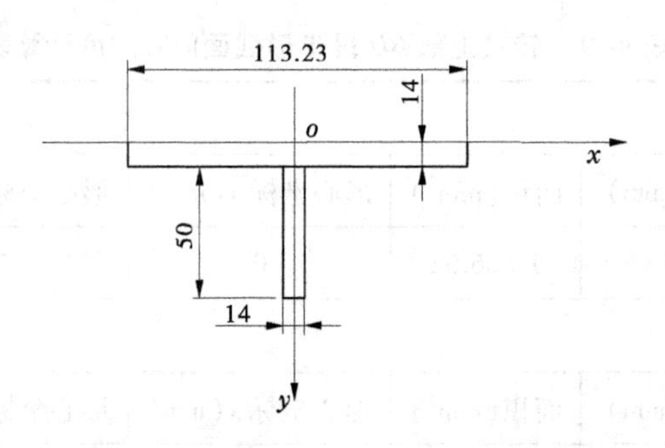

图 4-32 转轴下部 *AB* 段 T 形截面几何尺寸

mm 时，闸门才开始开启，以此状态进行刚度分析。与前面章节 4.3 闸门结构强度校核一致。

底端作用荷载：

$$q_{底} = (2\ 045+500)\times1\ 000\times9.8\times10^{-9}\times1\ 700 = 42.40(\text{N/mm})$$

顶端作用荷载：

$$q_{顶} = (1\ 323+500)\times1\ 000\times9.8\times10^{-9}\times1\ 700 = 30.37(\text{N/mm})$$

(2)挠度计算。

门叶所受梯形荷载，计算比较麻烦，将它分解为矩形和三角形荷载计算，较为方便。

矩形均布荷载作用挠度：

$$\upsilon_{矩形} = \frac{q_0 l^4}{8EI} = \frac{30.37 \times 722^4}{8 \times 205\ 800 \times 9\ 365\ 408.90} = 0.54(\text{mm})$$

三角形均布荷载作用挠度：

$$\upsilon_{三角} = \frac{(42.40 - 30.37) \times 722^4}{30 \times 205\ 800 \times 9\ 365\ 408.90} = 0.06(\text{mm})$$

总挠度：

$$\upsilon_{\text{AB}} = 0.54 + 0.06 = 0.60(\text{mm}) < \frac{l}{250} = \frac{722}{250} = 2.89(\text{mm})$$

经计算满足刚度要求。具体计算结果见表 4-22。

表 4-22 转轴下部 *AB* 段 T 形截面门叶刚度计算

1	闸板几何参数					
	宽度(mm)	高度(mm)	面积(mm²)	形心坐标 *x*(mm)	形心坐标 *y*(mm)	惯性矩(mm⁴)
	113.23	14	1 585.22	0	7	25 891.93
2	加劲肋几何参数					
	宽度(mm)	高度(mm)	面积(mm²)	形心坐标 *x*(mm)	形心坐标 *y*(mm)	惯性矩(mm⁴)
	14	50	700	0	39	145 833.33

续表 4-22

3	组合截面几何参数					
	x_c (mm)	y_c (mm)	闸板在组合截面形心 y_c(mm)	加劲肋在组合截面形心 y_c(mm)	单个组合截面惯性矩 (mm^4)	加劲肋个数 n
	0	16.80	9.80	22.20	668 957.78	14
4	合计加劲肋惯性矩 (mm^4)	门叶高度 (mm)	钢材弹性模量 (N/mm^2)	门叶顶部荷载 (N/mm)	门叶底部荷载 (N/mm)	
	9 365 408.90	722	205 800	30.37	42.40	
5	矩形荷载挠度 (mm)	三角形荷载挠度 (mm)	总挠度 (mm)	允许挠度 $l/250$(mm)	结论	
	0.54	0.06	0.60	2.89	总挠度小于允许挠度，满足刚度要求	

说明：上面计算公式是针对同材料等直悬臂梁，加劲肋必须延伸至闸门上下端。下部加劲肋与水箱通水孔处圆弧板是焊接固定，因此转轴下部门叶实际刚度应该比简化成悬臂梁计算刚度大些，偏安全。

4.5　闸墩结构设计

4.5.1　拟定闸墩结构尺寸和材料

闸墩的作用是隔离闸门和支承闸门，布置缓冲门叶启闭产生撞击力的水扇以及人工调节门叶特殊工况下操作的重锤，见图 4-33。

图 4-33　闸墩实物图

本工程设置 4 个闸墩，采用钢筋混凝土材料，混凝土标号≥C_{20}，闸墩上下游设置平面呈半圆形 $r=400$ mm 的迎水面墩体，中间外侧面为平面，闸墩侧墙和隔墙厚度 $\delta=150$ mm，单个闸墩总长 7 369.57 mm，宽度 800 mm。每个闸墩内部设置 3 个大小不一的竖井，按水流方向排序，分别命名为上游集水井、水扇集水井和下游集水井。上下游集水井分别安装了重锤，水扇集水井里面安装了水扇和转轴端部，水扇与重锤用钢丝绳和滑轮等传力系统联系。每个集水井底板设通水底孔，用管道与蓄水池相联通，每个集水井都需要进行防渗水处理。

集水井内部空腔尺寸见表 4-23。

表 4-23 集水井内部空腔尺寸

竖井名称	井深(mm)	井宽(mm)	井长(mm)
上游集水井	2 900	500	500
水扇集水井	2 400	500	2 407.79
下游集水井	2 900	500	1 378

闸墩建立在符合地基承载力的地基上,要求闸墩底板具有防渗功能。

为了保证水扇集水井内始终蓄满水,在水扇集水井中上游迎水侧面,设置小孔径进水孔,进水孔底缘高程高于水扇集水井内正常水位,当闸前水位蓄至进水孔高程时,水流自然流入水扇集水井;当闸门随时自动启闭时,水扇有可靠水阻尼力。当然也可以另找其他可靠水源输水进入水扇集水井。

闸墩空腔顶部都要盖板,以策安全。

闸墩结构尺寸具体见仁源水闸图 4-34、图 4-35。

4.5.2 闸墩转轴孔和水扇设计

4.5.2.1 闸墩转轴孔设计

闸墩转轴孔设计主要解决轴的自由灵活转动、局部稳定支承破坏和止水问题,解决方法是在闸墩转轴孔处设置止水填料函。止水填料函结构示意图见图 4-36,填料函实物图见图 4-37。

施工时,先确定购买的石棉盘根尺寸,然后确定填料函尺寸。

闸墩转轴孔安装长度 150 mm、壁厚 10 mm 套管,四周设计钢筋长度为 600 mm 以上、直径为 Φ200 mm,两根截面面积 62 800 mm^2,单根单位长度质量 2.47 kg/m,共 8 根,均匀布置。200 号混凝土的抗压设计强度 1 372 kN/cm^2,不用弯钩,与钢质套管焊接,采用Ⅱ级钢筋,受拉设计强度、受压设计强度均为 33 320 kN/cm^2。

转轴孔套管焊接拉筋拉力 = 6.28×3 400 = 21 352(kg) = 209 249.6 N>27 611.21 N(转轴一端剪力),满足强度要求。

如果想让整个水闸闸门同时启闭,那么水扇转轴之间在水扇集水井处采取十字滑块联轴器挠性连接,见图 4-38,或焊接,或螺栓连接。

闸门转轴与水扇转轴、闸门转轴与闸门门叶之间采取螺栓刚性连接,确保不发生相互之间位移,方便拆卸。

4.5.2.2 转轴与水扇连接键设计

转轴与水扇键连接尺寸结构图见图 4-39。

4.5.2.3 水扇设计

当水扇集水井蓄满水时,一旦闸门突然自动启闭,固定于转轴两端的水扇就受到水的阻力作用,缓冲闸门门叶突然启闭产生的撞击,延长工程寿命,因此必须设计水扇。

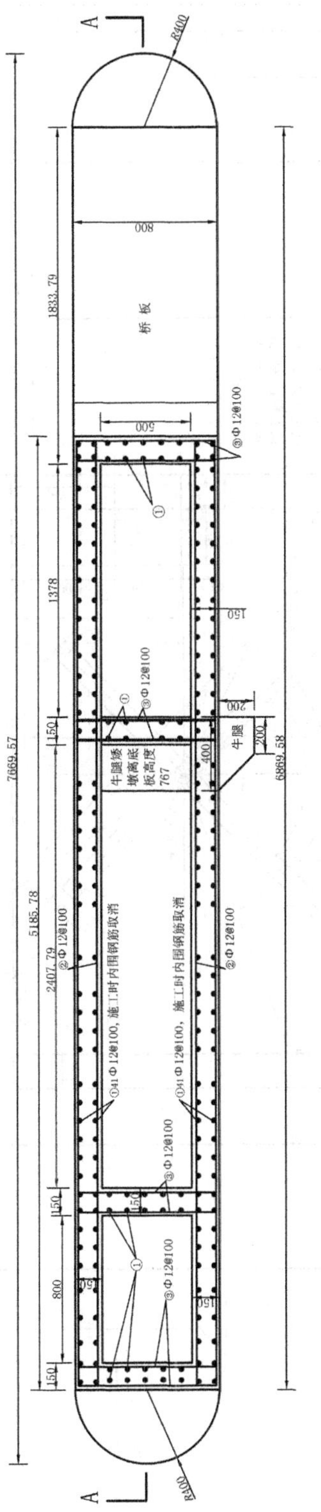

图 4-34　闸墩结构图　（单位：mm）

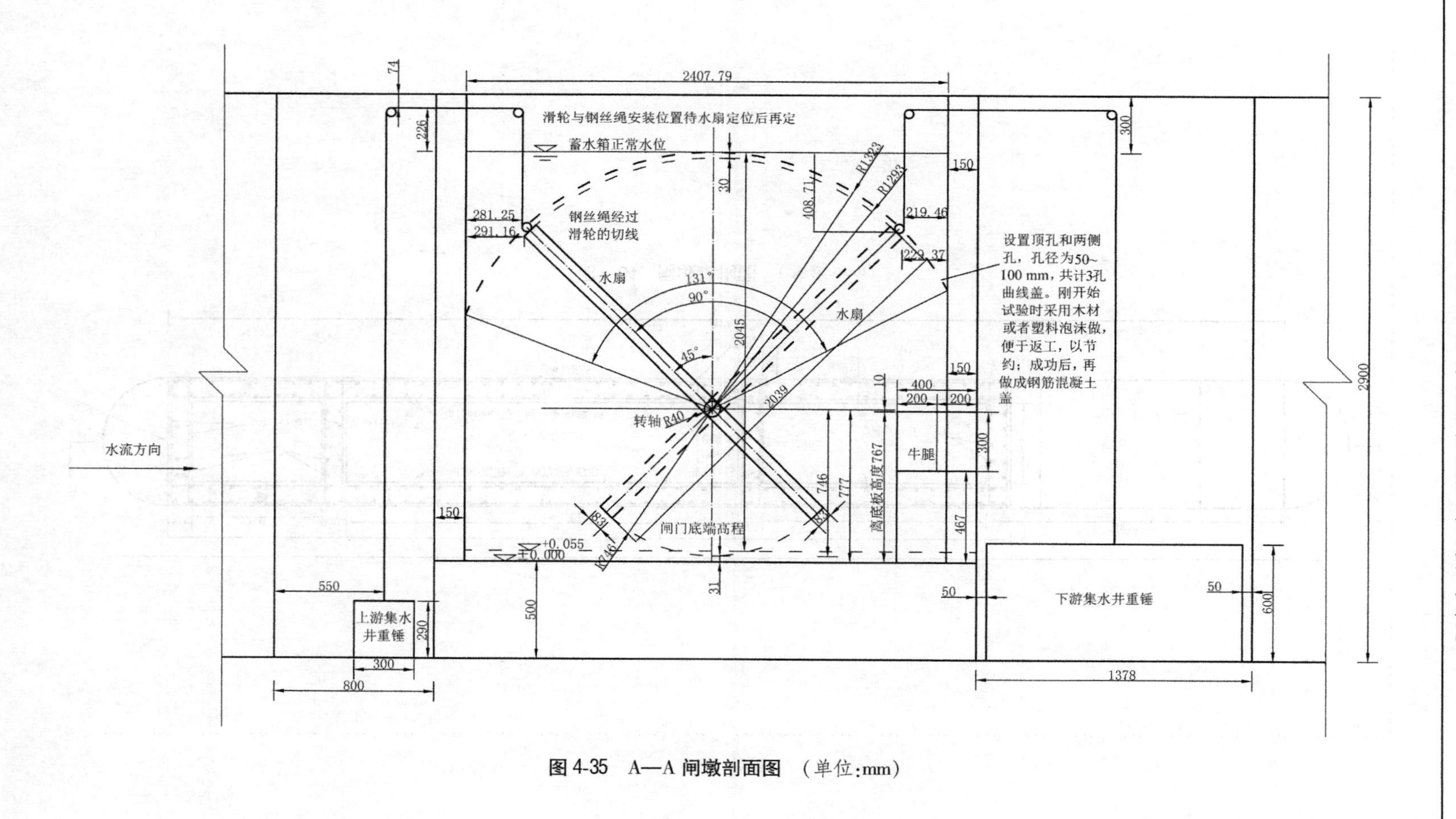

图 4-35 A—A 闸墩剖面图 （单位:mm）

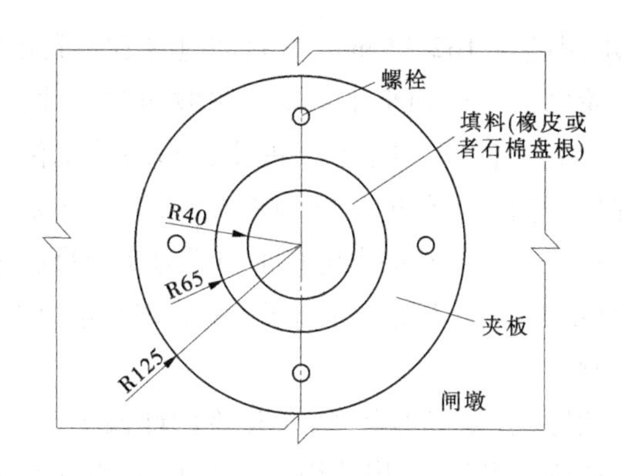

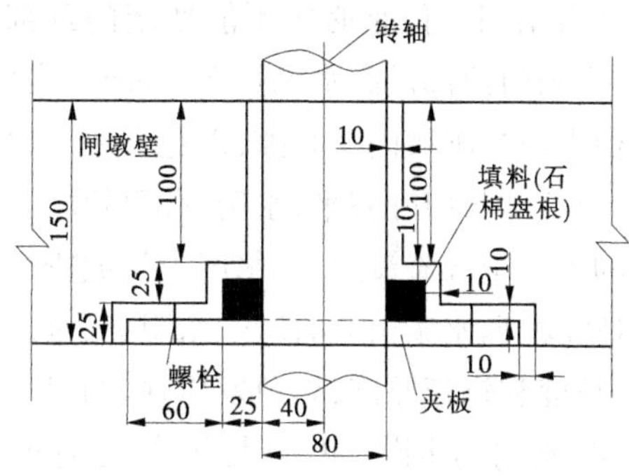

图 4-36　填料函结构示意图　(单位:mm)

图 4-37　填料函实物图

图 4-38　十字滑块联轴器

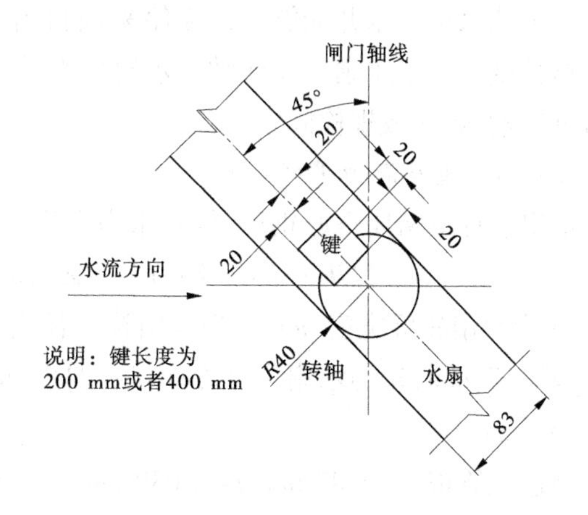

图 4-39　转轴与水扇键连接尺寸结构图　(单位:mm)

1.水扇设计原则

(1)水扇集水井可能漏水或者有时缺水源,在闸墩侧面预留进水孔,实现水扇自重与浮力尽量自我平衡,水扇自重不考虑,这样设计比较简单,安全可靠。

(2)水扇材质一般为钢材,方便加工制作。

(3)水扇集水井尺寸必须能够容纳重锤,重锤自重力矩必须能够满足闸门回位或者翻到开启闸门。但是必须不能使闸门顶部水深超过 162.37 mm，一旦超过，门叶可能受损，因为闸门顶部最高水深是 500 mm。表面轮廓尺寸必须小于水扇集水井内侧尺寸，适当预留水扇与闸墩内壁间隙，以免卡住水扇转动。因为水扇集水井的水位与门叶水位齐平、水扇长度与门叶齐平，水扇顶部最高高程低于门叶关闭时门叶顶部高程，保证水扇集水井的水位全部淹没水扇，水扇设计成密闭空心铁浮箱，确保水扇自重与浮力实现自我平衡。还需根据水扇试验时所受水阻力、水扇自重与浮力，尽量自我平衡，来确定水扇厚度、宽度、长度和钢板厚度，以免发生强度破坏和刚度变形。

(4)水扇初步设计时偏大点，施工时可以根据情况缩小点，如果开始设计偏小，要扩大就麻烦，需重新耗材或拼接制作，增加工程造价。另外，水扇体积万一大了，可以往水扇里面灌水，减小水扇浮力。

(5)水扇浮力弯矩驱使闸门始终朝转轴截面铅垂线接近，在闸门关闭过程中，驱使闸门开启，缓冲闸门关闭时对底板支墩产生的撞击力。在闸门开启过程中，驱使闸门关闭，缓冲闸门开启至水平时对牛腿产生的撞击力，水扇越接近转轴截面铅垂线，水扇受力力臂变小，力矩变小；达到转轴截面铅垂线时，力矩为零，使闸门易关易开。

2.水扇尺寸拟定

本工程水扇总长度 2 039 mm，其中上段长度 1 293 mm，下段长度 746 mm。水扇旋转底端最低高程高于水扇集水井底板高程 31 mm，水扇旋转顶端最高高程低于门叶关闭时门叶顶端高程 30 mm。1 个水扇集水井安装 2 个水扇，各自阻挡连接的闸门，互不联系，单个水扇宽度 200 mm。水扇与闸墩内墙壁间隙 50 mm、厚度 83 mm，钢板厚度经计算确定。为了使水扇集水井能够允许浮箱来回自由旋转 90°角度，必须确保水扇集水井空腔有足够长度。一扇水扇一端转轴在水扇集水井凸出 200 mm，转轴端部设键槽，水扇与转轴通过键槽、焊接或螺栓固定。

3.水扇自重与浮力平衡计算

水扇设计成密闭空心钢质浮箱，水扇自重与浮力平衡方程如下：

$$[blh-(b-2\delta)(l-2\delta)(h-2\delta_0)]\gamma_{材}=blh\gamma_{水}$$

式中：b 为水扇轮廓宽度，mm；l 为水扇轮廓长度，mm；h 为水扇轮廓高度，mm；δ 为水扇其他钢板厚度，mm；δ_0 为水扇宽度方向材料厚度，mm；$\gamma_{材}$ 为水扇材质容重，N/mm^3；$\gamma_{水}$ 为水容重，N/mm^3。

经过试算拟定 $b=83$ mm，$l=2\ 039$ mm，$h=200$ mm，水扇宽度方向 $b=83$ mm 钢板厚度 $\delta_0=3$ mm，水扇其他钢板厚度 $\delta=4$ mm，见图 4-40、图 4-41。

将数据代入上述平衡方程得：

$$[83\times2\ 039\times200-(83-2\times4)(2\ 039-2\times4)(200-2\times3)]\times 7\ 850\approx83\times2\ 039\times200\times1\ 000$$

经计算，满足要求。

水扇浮力与自重平衡计算见表 4-24。

表 4-24　水扇浮力与自重平衡计算

可调水扇轮廓宽度（mm）	水扇轮廓厚度（mm）	水扇轮廓长度（mm）	水扇轮廓体积（mm^3）	水容重（N/mm^3）
83	200	2 039	33 847 400	0.000 009 8
水扇浮力（N）	水扇材质容重（N/mm^3）	水扇其他方向钢板厚度 δ(mm)	水扇宽度方向 83 mm 钢板厚度 δ_0(mm)	水扇自重（N）
331.70	7.69×10^{-5}	4	3	330.52

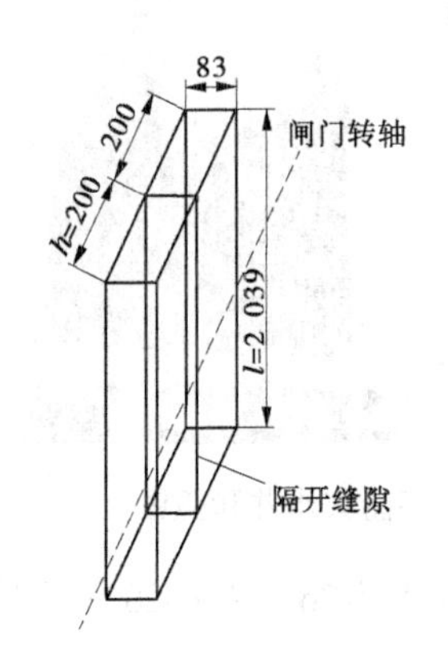

说明：水扇宽度为83 mm的钢板壁厚度为3 mm；其他钢板壁厚度为4 mm。图中数字单位:mm

图 4-40　水扇外围轮廓结构尺寸示意图

图 4-41　水扇与闸门门叶连接实物图

4.5.3　上下游集水井和重锤设计

上下游集水井内腔尺寸必须能够容纳重锤，与重锤四周间隙均不小于 50 mm，保证重锤自由升降。集水井厚度必须满足强度和刚度要求，上游集水井重锤自重力矩必须能够拉回关闭闸门，但是不能拉紧闸门，使得闸门门叶顶部水深超过 500 mm 而不开启，一旦超过，门叶就会受损，因此要求闸门顶部最高设计水深是 500 mm；下游集水井重锤自重力矩必须能够扳倒开启闸门，先确定重锤作用力臂长度，然后确定重锤重量和尺寸。下面分别设计上游集水井和上游重锤，下游集水井和下游重锤，见图 4-42。

4.5.3.1　上游集水井和上游重锤设计

当闸门处于开启水平状态，闸门上游水位为非零不同值，水箱里面无水，保证上游重锤能够拉回关闭闸门，将这种工作状况作为计算情形，求上游集水井重锤自重和尺寸，是可以做到的，但计算工作量大。现在只考虑下面这种特殊情况：当闸门处于开启水平状态时，闸门上游水位为零，水箱里面无水，上游重锤能够拉回关闭闸门。本次研究将这种工作状况作为计算情形，来设计上游集水井和重锤。

1.重锤拉回弯矩

闸门处于开启水平状态时,闸门上游水位为零,水箱里面无水,重锤拉回闸门弯矩 $M=-3\ 495.10\ \text{N}\cdot\text{mm}$,具体见表 4-25。

图 4-42 上、下游集水井和重锤

2.上游重锤设计

重锤重量:

$$G=-3\ 495.10\div 1\ 293=-2.70(\text{N})$$

重锤自重与浮力必须满足静力平衡条件:

$$[blh-(b-2\delta)(l-2\delta)(h-3\delta)]\gamma_{材}=blh\gamma_{水}$$

式中:b 为重锤轮廓宽度,mm;l 为重锤轮廓长度,mm;h 为重锤轮廓高度,mm;δ 为重锤材料厚度,mm;$\gamma_{材}$ 为重锤材质容重,N/mm^3;$\gamma_{水}$ 为水容重,N/mm^3。

重锤底部厚度是顶部厚度的 2 倍,重锤浸入水中时,重心在下,重锤浮起顶面呈水平状,重锤不歪斜。重锤设计为密闭空心钢质长方体。

拟定 $b=80$ mm,$l=60$ mm,$h=58$ mm,$\delta=1.2$ mm,具体计算见表 4-26。表 4-26 中实取重锤自重 2.71 N>G=2.70 N(负号表示拉力,去掉),满足要求。

图形具体尺寸见图 4-43。

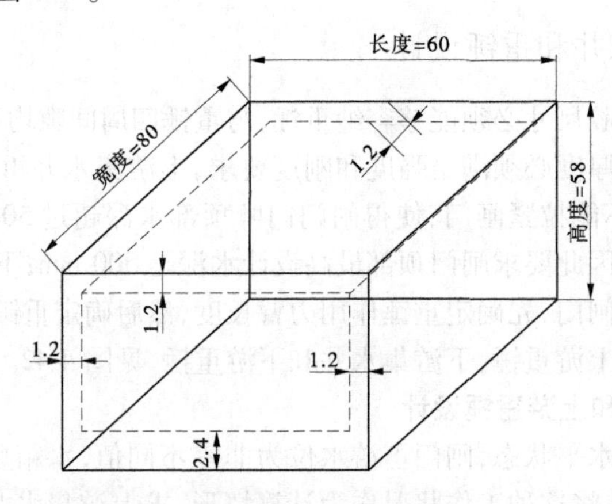

图 4-43 上游重锤结构尺寸图 (单位:mm)

施工时,重锤加工尺寸有误差时,不能加工成尺寸小点的重锤,因为如果重量轻,就拉不动闸门,只能加工成尺寸稍微大点的重锤。

表 4-25　闸门处于开启水平状态时上游集水井重锤自重计算

序号	区域名称	半径(mm)	π	角度(弧度)	钢板厚度(mm)	面积(mm²)	长度(mm)	体积(mm³)	容重(N/mm³)	重量(N)	重心(mm)	力矩(N·mm)	备注
	一、以闸门转轴为界，闸门短边受力分析												
1	水箱扇形区域 1 水重	197	3.14	0.79		30 481	1 472	44 867 321	0.000 009 8	439.70	415.6	0	左旋弯矩为正
2	水箱 325 mm 矩形区水重	197	325		14	64 025	1 472	94 244 800	0.000 009 8	923.60	169.5	0	左旋弯矩为正
小计								139 112 121	0.000 009 8	1 363.30			
		半径(mm)	π	角度(°)									
1	水箱四分之一弧形钢板	221	3.14	90	48	16 663	1 472	24 527 947	0.000 076 9	1 886.93	472.7	891 940.88	左旋弯矩为正
2	722 mm 短板钢闸门	高度(mm)	宽度(mm)										
		14	722		14	10 108	1 700	17 183 600	0.000 076 9	1 321.93	361.0	477 218.30	左旋弯矩为正
3	339 mm 水箱钢板	48	339		48	16 272	1 472	23 952 384	0.000 076 9	1 842.66	162.5	299 431.75	左旋弯矩为正
4	水箱左侧挡板扇形板	半径(mm)	π	角度(弧度)									
		245	3.14	0.79	14	47 144	14	660 009	0.000 076 9	50.77	436.0	22 136.74	左旋弯矩为正
5	水箱左侧挡板大矩形板	高度(mm)	宽度(mm)										
		309	339		14	104 751	14	1 466 514	0.000 076 9	112.82	162.5	18 333.07	左旋弯矩为正
6	水箱左侧挡板小矩形板	50	245		14	12 250	14	171 500	0.000 076 9	13.19	454.5	5 996.44	左旋弯矩为正
7	水箱右侧挡板扇形板	半径(mm)	π	角度(弧度)									
		245	3.14	0.79	14	47 144	14	660 009	0.000 076 9	50.77	436.0	22 136.74	左旋弯矩为正
8	水箱右侧挡板大矩形板	高度(mm)	宽度(mm)										
		309	339		14	104 751	14	1 466 514	0.000 076 9	112.82	162.5	18 333.07	左旋弯矩为正
9	水箱右侧挡板小矩形板	50	245		14	12 250	14	171 500	0.000 076 9	13.19	454.5	5 996.44	左旋弯矩为正
10	止水橡皮摩擦力					偏安全考虑计算一点摩擦力矩，采取减摩擦力止水措施后，摩擦力矩可忽略						−142 464.00	右旋弯矩为负
				块数 n	改变加劲肋厚度求平衡								
11	14 块加劲肋	562	50	14	14	393 400		5 507 600	0.000 076 9	423.70	321.0	136 007.59	左旋弯矩为正
12	水箱受到上游水平静水压力	309				47 741	1 500	71 610 750	0.000 009 8	701.79	152.0	0	左旋弯矩为正
13	闸门水箱外侧加配重计算	配重长度(mm)	配重厚度(mm)	配重宽度(mm)	根数 n		重量(N)	折算重量(kg)	材料容重(N/mm³)		力臂(mm)	力矩(N·mm)	
		1472	14	90	1		142.68	14.56	0.000 076 9		677.0	96 596.80	左旋弯矩为正

续表 4-25

序号	区域名称	半径(mm)	π	角度(弧度)	钢板厚度(mm)	面积(mm^2)	长度(mm)	体积(mm^3)	容重(N/mm^3)	重量(N)	重心(mm)	力矩(N·mm)	备注
	二、以闸门转轴为界,闸门长边受力分析												
14	闸门门叶矩形板下端部	高度(mm)	长度(mm)			面积(mm^2)	宽度(mm)						
		14	623			8 722	1 700	14 827 400	0.000 076 9	1 140.67	311.5	−355 319.29	右旋弯矩为负
15	闸门门叶矩形板上端部	8	700			5 600	1 700	9 520 000	0.000 076 9	732.37	973.0	−712 599.51	
16	加强板	48	93			4 464	1 472	6 571 008	0.000 076 9	505.51	53.5	−27 044.66	右旋弯矩为负
17	止水橡皮摩擦力					偏安全考虑计算一点摩擦力矩,采取减摩擦力止水措施后,摩擦力矩可忽略						−142 464.00	右旋弯矩为负
	13 块加劲肋	长度(mm)	高度(mm)	块数 n	厚度(mm)								
18		700	50	13	8	455 000		3 640 000	0.000 076 9	280.03	960.5	−268 964.20	右旋弯矩为负
19		583	50	13	14	378 950		5 305 300	0.000 076 9	408.14	331.5	−135 297.33	右旋弯矩为负
20	闸门转轴摩擦力矩	转轴半径(mm)	闸门蓄水转轴两端所受合力(N)	摩擦系数	滑动摩擦力(N)						力臂(mm)		
		40	10 673.50	0.5	5 336.75						40.0	−213 469.94	右旋弯矩为负
21	T 形腹板	14	247			3 458	1 472	5 090 176	0.000 076 9	391.59	0.0	0	
		配重长度(mm)	配重厚度(mm)	配重宽度(mm)	根数 n				材料容重(N/mm^3)	重量(N)	力臂(mm)	力矩(N·mm)	
22	闸门板底部配重计算	1472	14	90	0				0.000 076 9	0	677.0	0	左旋弯矩为正
总计									门叶自重(N)	9 287.10		−3 495.10	
										力臂(mm)	1 293.0	−2.70	

表 4-26　上游集水井重锤自重与浮力平衡计算

重锤轮廓宽度(mm)	重锤轮廓长度(mm)	重锤轮廓高度(mm)	重锤轮廓体积(mm^3)	水容重(N/mm^3)
80	60	58	278 400	0.000 009 8
重锤浮力(N)	重锤材质容重(N/mm^3)	重锤钢板厚度(mm)	重锤自重(N)	备注
2.73	7.69×10^{-5}	1.2	2.71	上游集水井重锤实取值

4.5.3.2　下游集水井和下游重锤设计

1.重锤扳开弯矩

闸门处于蓄水关闭竖立状态,将闸门打开。

(1)上游不蓄水不变弯矩。见表 4-27,M=383 456.75 N · mm。

(2)上游蓄水最大弯矩。闸门处于关闭竖立状态时,设闸门上游水深为 h,水箱里面无水,重锤扳倒闸门重力计算公式如下:

$$G=\left[\frac{1\ 700}{2}h^2\gamma_{水}\left(\frac{h}{3}-722\right)+383\ 456.75\right]\div 1\ 293$$

将上式两端对 h 求导数得:

$$G'=\left\{\left[\frac{1\ 700}{2}h^2\gamma_{水}\left(\frac{h}{3}-722\right)+383\ 456.75\right]\div 1\ 293\right\}'$$

令 $G'=0$ 得:

$$h^2-2\times 722h=0$$

得极值 h=1 444 mm,根据本工程实际情况,当 h=1 444 mm 时,也是最大弯矩 M_{max} = −3 796 726.6 N · mm的蓄水深度。

已知力臂长度是 1 293 mm,则重锤自重 G_{max} =−3 796 726.6/1 293(N)= −2 936.37 N,见表 4-27。

2.下游重锤设计

重锤自重与浮力必须满足静力平衡条件:

$$[blh-(b-2\delta)(l-2\delta)(h-3\delta)]\gamma_{材}=blh\gamma_{水}$$

式中:b 为重锤轮廓宽度,mm;l 为重锤轮廓长度,mm;h 为重锤轮廓高度,mm;δ 为重锤材料厚度,mm;$\gamma_{材}$为重锤材质容重,N/mm^3;$\gamma_{水}$为水容重,N/mm^3。

重锤底部厚度是顶部厚度的 2 倍,重锤浸入水中时,重心在下,重锤浮起顶面呈水平状, 重锤不歪斜。重锤设计为密闭空心钢质长方体。

设计为钢板密封重锤,见表 4-28。表 4-28 中实取重锤自重 2 936.45 N > G_{max} = 2 936. 37 N(负号表示拉力,已去掉),满足要求。

表 4-27　闸门处于关闭竖立状态时下游集水井重锤自重计算

序号	区域名称	半径(mm)	π	角度(弧度)	钢板厚度(mm)	面积(mm^2)	长度(mm)	体积(mm^3)	容重(N/mm^3)	重量(N)	重心(mm)	力矩(N·mm)	备注
	以闸门转轴为中心,闸门左旋或者右旋受力分析												
1	水箱四分之一弧形钢板	半径(mm)	π	角度(°)									
		221	3.14	90	48	16 663	1 472	24 527 947	0.000 076 9	1 886.93	150.7	284 347.83	右旋弯矩为负
2	2 100~55 mm 整板闸门矩形板	高度(mm)	宽度(mm)										
		700	8			5 600	1 700	9 520 000	0.000 076 9	732.37	50.0	−36 618.68	左旋弯矩为正
		1 345	14			18 830	1 700	32 011 000	0.000 076 9	2 462.61	47.0	−115 742.49	左旋弯矩为正
3	转轴上端 13 块加劲肋			块数 n									
		558	50	13	14	362 700		5 077 800	0.000 076 9	390.64	15.0	−5 859.53	左旋弯矩为正
		700	50	13	8	455 000		3 640 000	0.000 076 9	280.03	21.0	−5 880.53	左旋弯矩为正
4	转轴下端 14 块加劲肋	562	50	14	14	393 400		5 507 600	0.000 0769	423.70	15.0	−6 355.50	左旋弯矩为正
5	339 mm 水箱钢板	48	339			16 272	1 472	23 952 384	0.000 076 9	1 842.66	231.0	425 653.74	右旋弯矩为负
6	加强板	93	48			4 464	1 472	6 571 008	0.000 076 9	505.51	231.0	116 772.27	右旋弯矩为负
7	T 形腹板	14	247			3 458	1 472	5 090 176	0.000 076 9	391.59	83.5	32 697.53	右旋弯矩为负
8	水箱左侧挡板扇形板	半径(mm)	π	角度(弧度)									
		245	3.14	0.79	14	47 144	14	660 009	0.000 076 9	50.77	114.0	5 787.34	右旋弯矩为负
9	水箱左侧挡板矩形板	高度(mm)	宽度(mm)										
		339	309		14	104 751	14	1 466 514	0.000 076 9	112.82	100.5	11 338.30	右旋弯矩为负
10	水箱右侧挡板扇形板	半径(mm)	π	角度(弧度)									
		245	3.14	0.79	14	47 144	14	660 009	0.000 076 9	50.77	114.0	5 787.34	右旋弯矩为负
11	水箱右侧挡板矩形板	高度(mm)	宽度(mm)										
		339	309		14	104 751	14	1 466 514	0.000 076 9	112.82	100.5	11 338.30	右旋弯矩为负
12	水箱左侧挡板小矩形板	245	50		14	12 250	14	171 500	0.000 076 9	13.19	−15.0	−197.90	左旋弯矩为正
13	水箱右侧挡板小矩形板	245	50		14	12 250	14	171 500	0.000 076 9	13.19	−15.0	−197.90	左旋弯矩为正
14	闸门底端止水橡皮摩擦力矩	按以往普通止水措施,摩擦力很大;采取减摩擦力止水措施后,摩擦力矩可忽略										0	

续表 4-27

序号	区域名称	半径(mm)	π	角度(弧度)	钢板厚度(mm)	面积(mm^2)	长度(mm)	体积(mm^3)	容重(N/mm^3)	重量(N)	重心(mm)	力矩(N·mm)	备注
15	闸门侧止水橡皮摩擦力矩	偏安全考虑计算一点摩擦力矩,采取减摩擦力止水措施后,摩擦力矩可忽略										-142 464.00	左旋弯矩为正
		配重长度(mm)	配重厚度(mm)	配重宽度(mm)	根数 n				材料容重(N/mm^3)	重量(N)	力臂(mm)	力矩(N·mm)	
16	闸门板底部配重计算	1 472	14	90	1				0.000 076 9	142.68	-61.0	-8 703.70	左旋弯矩为正
17	闸门转轴摩擦力矩	转轴半径(mm)	闸门蓄水转轴两端所受合力(N)	摩擦系数	滑动摩擦力(N)				门叶自重	9412.28	力臂(mm)	力矩(N·mm)	
		40	9 412.28	0.5	4 706.14						40.0	-188 245.68	左旋弯矩为正
18	闸门上游蓄满水水压	蓄水高度(mm)	不同图形	宽度(mm)	闸门门叶高度(mm)					水压(N)			
		0		1 700	0				总水压	0			
19	蓄水高度必须大于等于	0	三角形	1 700	0					0	-722.0	0	左旋弯矩为正
20	2 045 mm 高水位才有意义	0	矩形	1 700	0					0	-722.0	0	右旋弯矩为负
合计												383 456.75	
		蓄水高度(mm)											
		1 444	三角形	1 700	2 045					17 369.18	-240.7	-4 180 183.35	左旋弯矩为正
总计												-3 796 726.60	
									力臂(mm)	1 293	重锤自重(N)	-2 936.37	

表 4-28　下游集水井重锤浮力与自重平衡计算

重锤轮廓宽度(mm)	重锤轮廓长度(mm)	重锤轮廓高度(mm)	重锤轮廓体积(mm^3)	水容重(N/mm^3)
400	1 260	595	299 880 000	0.000 009 8
重锤浮力(N)	重锤材质容重(N/mm^3)	重锤钢板厚度(mm)	重锤自重(N)	备注
2 938.82	7.69×10^{-5}	11.4	2 936.45	下游集水井重锤实取值

下游重锤结构尺寸见图 4-44。

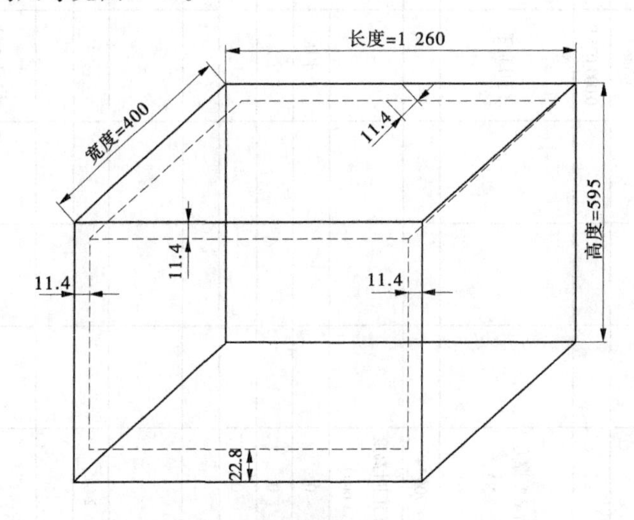

图 4-44　下游重锤结构尺寸图　（单位:mm）

施工时,重锤加工尺寸有误差时,不能加工成尺寸小点的重锤,因为如果重量轻,就拉不动闸门,只能加工成尺寸稍微大点的重锤。

4.5.3.3　重锤设计补充说明

上述重锤设计是针对已经修改为较小尺寸闸门而言的,但是刚开始闸门设计尺寸较大,相应重锤尺寸设计较大,重锤施工时,闸门尺寸没有修改,重锤尺寸也不存在修改,仍然是针对开始较大重锤设计尺寸加工的。后来出现加工闸门失误后,重锤已加工完成,因此现在在工地看到的重锤尺寸仍是较大重锤尺寸,为了避免损失,没有重做。现在工地的重锤尺寸如下:

上游重锤:重锤轮廓宽度 $b=400$ mm;重锤轮廓长度 $l=300$ mm;重锤轮廓高度 $h=290$ mm;重锤材料厚度 $\delta=6$ mm,尺寸类似图 4-43。

下游重锤:重锤轮廓宽度 $b=480$ mm;重锤轮廓长度 $l=1\ 278$ mm;重锤轮廓高度 $h=600$ mm;重锤材料厚度 $\delta=13$ mm,尺寸类似图 4-44。

4.5.3.4　拉绳设计

采用钢丝绳拉绳。

1.钢丝绳长度计算

单根钢丝绳来回活动长度 1 293×2×3.14/4＝2 030.01(mm)

上、下游集水井重锤升降距离:最大距离[2 900－110－100(实际是 74 mm)＝2 690(mm)]、最小距离[2 900－440－100(实际是 74 mm)＝2 360(mm)]均大于 2 030.01(mm),上、下游集水井深度满足钢丝绳来回活动长度要求。

每个闸墩 2 根钢丝绳,由于市场上买来的钢丝绳需要加工和连接卡扣,每根钢丝绳实取长度为 2 500 mm,4 个闸墩共需要钢丝绳长度:8×2 500＝20 000(mm)。

2.钢丝绳直径计算

闸门突然启闭时有加速度,钢丝绳受力较大,必须能承受超过重锤 n 倍重量,且须通过试验验证。而本次设计没有这样的试验条件,取钢丝绳承重是最重重锤的 10 倍,即 10 ×2 936.45(N)≈29 365(N),采用Ⅱ级钢筋,受拉设计强度 33 320 N/cm^2,钢丝绳截面面积 $A=\dfrac{29\ 365}{33\ 320\times 1\ 000\ 000}=88.13(\text{mm}^2)$;钢丝绳长期运行会锈蚀,选择钢丝绳直径 11 mm,取值较大,上、下游集水井钢丝绳采用同一种规格直径,方便施工,实取钢丝绳截面面积:$A_{\text{实际}}=\left(\dfrac{11}{2}\right)^2\times\pi=95.03(\text{mm}^2)>88.13(\text{mm}^2)$,满足强度要求。

4.5.3.5　滑轮设计

如图 4-45 所示,钢丝绳一端系于水扇,一端系于重锤,中间用滑轮支撑钢丝绳,减少钢丝绳摩擦力和磨损。

采用 304 不锈钢 U 型轴承定滑轮, 滑轮 U 型槽必须能够适合钢丝绳横截面。每个定滑轮固定在 1 根横梁上,每个闸墩 6 根横梁,4 个闸墩共计 24 组滑轮和横梁。

图 4-45　滑轮与钢丝绳连接实物图

4.5.4　水扇集水井盖板和进水孔设计

4.5.4.1　盖板设计

闸门突然启闭时,假如没有足够水扇阻力作用,闸门会撞击止水橡皮支墩和牛腿,导致破坏,通过设置水扇集水井盖板,当水扇突然旋转时,就会限制水扇集水井的水位起伏波动,使水扇受到集水井中水的较大阻力,降低水扇转速,带动闸门慢速转动,缓解闸门启闭时的撞击力,延长水闸工程寿命。盖板可以设计成弯曲形和平板形两种形状。

1.弯曲盖板设计

(1)盖板弧长计算如下：

$$l=\frac{131}{360}\times 1\ 323\times 2\times 3.14=3\ 024.88(\mathrm{mm})$$

(2)钢盖板厚度。

钢盖板厚度必须经过试验满足刚度和强度要求，防止锈蚀，延长工程寿命，本次研究由于没有现成资料供参考，取钢盖板厚度 6 mm。

(3)取宽度为 500 mm 弯曲钢板。

2.平板盖板设计

长度 l=2 407.79 mm，厚度取 6 mm，宽度为 500 mm，材质采用钢板。

为了便于穿过钢丝绳和让受压水自由出入，水扇集水井盖板必须打孔，孔数、孔径和孔布置状况，视试验而定。

4.5.4.2 进水孔设计

为了防止水扇集水井渗漏干涸，在闸墩侧墙壁设置进水孔，见图 4-46，孔顶缘高程比闸门顶端高程低 100 mm。这样闸门关闭蓄水时，待水闸上游水位达到 2 045 mm 时，水扇集水井开始蓄水，保证水扇转动受到水的阻力作用，缓冲闸门启闭时产生的撞击力。如果进水孔位置较低，一旦开闸泄水，集水井水位也随着下降，水扇所受到的水阻力减小，闸门启闭撞击力加大，缩短水闸工程寿命。

图 4-46 进水孔实景图

4.5.5 工作桥设计

闸墩设置了三个集水井，属于空心结构，自重轻，闸墩运行期间，有上浮趋势，另外如果受到一侧水压作用，有可能倾覆。为了增加空心闸墩稳定和方便水闸运行巡视管理，一般在闸门关闭竖立状态顶部下游位置架设工作桥，而不在闸墩顶部上游位置架设工作桥，是防止阻挡洪水期较大漂浮物，影响泄洪安全。

本工程水闸中间桥板宽 1 500 mm、厚 140 mm、长 2 514 mm，共计 1 块，见图 4-47；水闸两侧桥板宽 1 500 mm、厚 140 mm、总长 2 914 mm，共计 2 块。

桥板工程量计算见表 4-29、表 4-30。

表 4-29　钢筋配料单

项次	构件名称	钢筋编号	简图	直径（mm）	钢号	下料长度（mm）	根数	个数	合计根数	总长（m）	单位长度质量（kg/m）	质量（kg）	备注
1	闸墩计 4 个	①		12	二级钢筋	2 860	130	4	520	1 487.20	0.888	1 320.63	比原设计图纸少内侧 110 根
2		②		12	二级钢筋	4 846	52	4	208	1 007.92	0.888	895.03	比原设计图纸少内侧 48 根
3		③		12	二级钢筋	760	200	4	800	608.00	0.888	539.90	
4	小计											2 755.57	
5	闸室底板 3 个已经是整体	④		12	二级钢筋	7 330	170	1	170	1 246.03	0.888	1 106.47	
6		⑤		12	二级钢筋	8 302	150	1	150	1 245.30	0.888	1 105.83	
7	小计											2 212.30	
8	桥板	①		12	二级钢筋	8 302	23	1	23	190.95	0.888	169.56	
9		②		12	二级钢筋	3 120	26	1	26	81.12	0.888	72.03	
10	小计											241.59	
11	闸墩下止水支墩 6 个	①		12	二级钢筋	607	9	6	54	32.80	0.888	29.12	
12		②		12	二级钢筋	777	3	6	18	13.99	0.888	12.42	
13	闸墩上止水支墩 6 个	①		12	二级钢筋	607	15	6	90	54.66	0.888	48.54	
14		③		12	二级钢筋	1 323	3	6	18	23.81	0.888	21.15	
15	闸室底板止水支墩 3 个	①		12	二级钢筋	607	15	3	45	27.33	0.888	24.27	
16		④		12	二级钢筋	1 754	3	3	9	15.79	0.888	14.02	
17	小计											149.52	
18	牛腿 6 个	①		12	二级钢筋	1 498	1	6	6	8.99	0.888	7.98	
19		②		12	二级钢筋	1 618	1	6	6	9.71	0.888	8.62	
20		③		12	二级钢筋	1 748	1	6	6	10.49	0.888	9.31	
21		④		12	二级钢筋	1 868	4	6	24	44.82	0.888	39.80	
22		⑤		12	二级钢筋	1 968	4	6	24	47.22	0.888	41.93	
23	小计											107.64	
24	合计											5 466.62	

表 4-30 闸室混凝土工程量

项次	构件名称	计算式	工程量(m^3)
1	C20 混凝土闸墩	(0.4×0.4×3.14+6.57×0.8−0.5×(0.5+2.41+1.38))×2.4×4	34.71
2	C20 混凝土底板	8.34×0.5×7.37−(0.5×0.5×0.5+1.38×0.5×0.5)×4	28.86
3	C20 混凝土桥板	8.34×1.5×0.14	1.75
4	止水支墩 C20 混凝土	(0.2+0.3)×0.07/2×(1.32×2+0.78×2+1.71)×3	0.31
5	牛腿(含矮墩)C20 混凝土	(0.2+0.4)×0.2/2×0.3×6+0.77×0.5×0.25×4	0.49
合计			66.12

图4-47 闸墩顶部下游位置架设工作桥实景图

4.5.6 闸墩配筋、闸室止水、牛腿和闸室底板设计

(1)为安全计,闸墩采用桥板配筋。

(2)取消以往水闸工程闸室底板支墩,设置底板止水支墩,既可作为止水,又可支承闸门,一举两得。转轴止水填料函见图4-36、图4-37。门叶侧面与闸墩外侧面之间间隙转轴设置环绕圆环止水橡皮,防止闸门转轴旋转漏水,每扇闸门转轴两端各设有1处。

(3)牛腿用来支承倾倒至水平位置时的门叶,为了减缓撞击,设置门叶背面靠近牛腿位置缓冲橡皮,见图4-48。

(4)闸室底板配筋参考已建工程。

图4-48 闸墩牛腿图

4.5.7 闸墩抗浮稳定计算

设计每个闸墩外轮廓尺寸为7 369.57 mm×800 mm×2 400 mm,水重度取为9.8×10^6 N/mm^3,钢筋混凝土重度取2.45×10^7 N/mm^3,抗浮稳定计算如下:

$$k=\frac{抗浮力}{浮力}=(6\ 569.58\times800\times2\ 400+400\times400\times3.14\times2\ 400-500\times2\ 407.79\times2\ 400)\times2\ 500/(6\ 569.58\times800\times2\ 400+400\times400\times3.14\times2\ 400)\times1\ 000=(2.17\times10^{13})/(1.38\times10^{13})=1.57>1.1$$

经计算,闸墩重力大于浮力,计算安全系数K=1.57>1.1,故闸墩抗浮验算满足要求。

4.6 蓄水池和管道设计

为了保证向闸墩上、下游集水井和水扇集水井供水,使上游或者下游集水井重锤产生上升,满足重锤管理维修需要;或者保证水扇始终淹没在水中,产生水扇阻力,需要布设蓄水池、输水管道和闸阀。而当上游或者下游集水井重锤需要放水降低水位,使得重锤下降,牵引水扇旋转,或者放空集水井,进行维修时,必须设置排水管和放水阀,见图4-49。

通过控制进排水管道流量的大小,可以控制集水井重锤的上升和下降速度及时间,

图 4-49 管道布置

进而控制闸门开启或者关闭时间,实现计时灌溉。

本工程水闸左岸有高水位水渠,根据当地地形、群众生产生活习惯和操作方便,蓄水池容积大小与闸墩集水井容积相等或稍大点,形状根据当地地形、地质确定,为了施工方便,多采用长方体形状。

蓄水池体积保证供应 12 个集水井供水量,即

$$
\begin{aligned}
V &= 2\,900\times500\times500\times4+2\,407.79\times500\times2\,400\times4+4\times \\
&\quad 1\,378\times500\times2\,400=22\,449\,792\,000(\mathrm{mm}^3) \\
&= 22.45\ \mathrm{m}^3
\end{aligned}
$$

初步设计蓄水池尺寸,做了两个比较方案,见表 4-31:

表 4-31 蓄水池结构尺寸设计方案比较计算

上游集水井	净空长度(mm)	净空宽度(mm)	净空高度(mm)	个数	净空体积(mm^3)
	500	500	2 900	4	2 900 000 000
	壁厚(mm)	外面长度(mm)	外面宽度(mm)	外面高度(mm)	C20 混凝土墙壁体积(mm^3)
	200	900	900	2 900	6 496 000 000
下游集水井	净空长度(mm)	净空宽度(mm)	净空高度(mm)	个数	净空体积(mm^3)
	1 378	500	2 900	4	7 992 400 000
	壁厚(mm)	外面长度(mm)	外面宽度(mm)	外面高度(mm)	C20 混凝土墙壁体积(mm^3)
	200	1 778	900	2 900	10 569 920 000
水扇集水井	净空长度(mm)	净空宽度(mm)	净空高度(mm)	个数	净空体积(mm^3)
	2 407.79	500	2 400	4	11 557 392 000
	壁厚(mm)	外面长度(mm)	外面宽度(mm)	外面高度(mm)	C20 混凝土墙壁体积(mm^3)
	200	2 807.79	900	2 400	12 701 913 600

续表 4-31

	蓄水池需要体积(mm³)	折算蓄水池体积(m³)	C20 混凝土墙壁体积(mm³)
合计	22 449 792 000	22.45	29 767 833 600

蓄水池

方案	净空长度(mm)	净空宽度(mm)	净空高度(mm)	个数	蓄水池施工体积(mm³)
方案一	5 500	5 200	790	1	22 594 000 000
方案二	8 000	2 000	1 410	1	22 560 000 000
壁厚(mm)	底板厚度(mm)	外面长度(mm)	外面宽度(mm)	外面高度(mm)	C20 混凝土墙壁体积(mm³)
200	300	5 900	5 600	1 090	13 419 600 000
200	300	8 400	2 400	1 710	11 913 600 000

方案一:蓄水池净高 790 mm,预算方案为墙壁 C20 混凝土 13 419 600 000 mm^3+底板厚 0.3 m。蓄水池见图 4-50~图 4-52。实际蓄水体积稍大于 22.45 m^3。

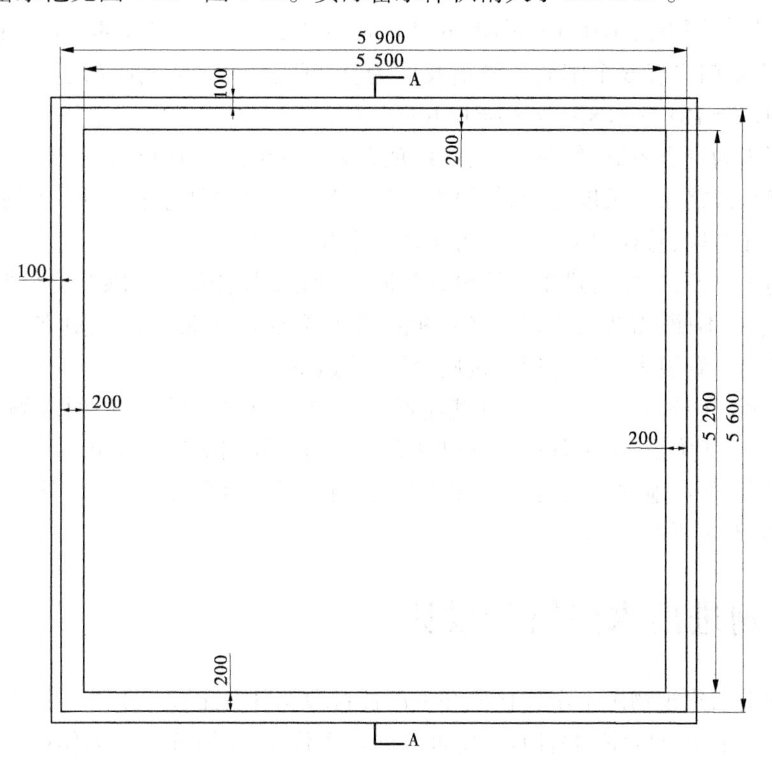

图 4-50　蓄水池结构平面图　(单位:mm)

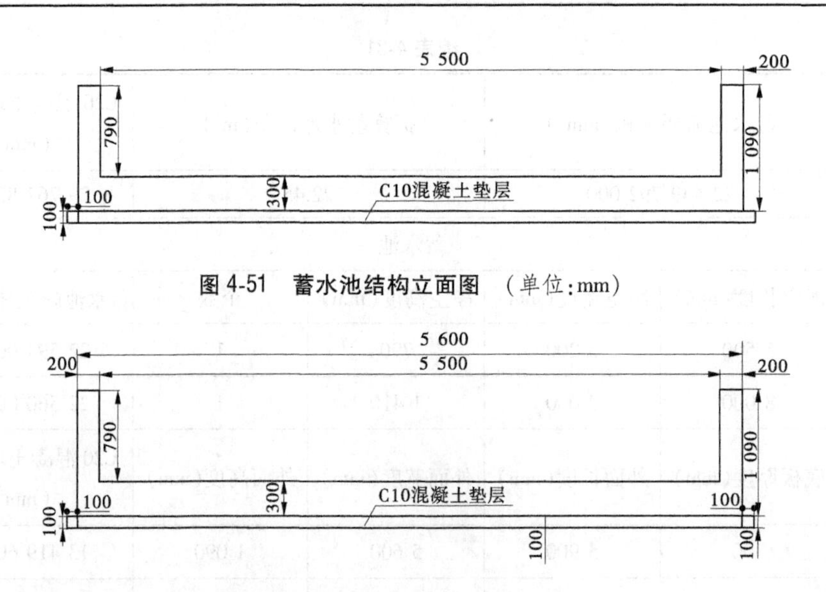

图 4-51　蓄水池结构立面图　（单位：mm）

图 4-52　蓄水池 A—A 剖面结构图　（单位：mm）

方案二：蓄水池净高 1 410 mm。

蓄水池底板高程高于水扇集水井底板 2 045 mm，便于工作人员施工安装、维修，达到预定设计功能，保证蓄水池正常供水。

管道采用能够承内水压 15 mH_2O 的 PE 材质通水管，管径为 500 mm，相应的配套 3 个闸门，每个闸门设置 6 个闸阀。管道长度为：1#闸需要 18 m，2#闸需要 21 m，3#闸需要 24 m，总管长 $L=18\times3+21\times3+24\times3=189(\text{m})$。

本工程因为资金不够，暂时不建，利用现有渠道的流水控制闸门。

为了缩短线路布置长度，进水管设在左岸，管径尺寸主要考虑尽快灌满闸墩集水井；出水管也设在左岸，管径尺寸主要考虑尽快放水开启闸门。

为了施工方便，通常将进出水管设计为同一管径，出水管放水阀布置位置低，淹没在水下，启闭十分不便，需要设置密闭竖井和阶梯或者爬梯，方便管理人员在干燥环境下启闭阀门。进出水管道表面应有保护设施，延长管道寿命。

为了使闸门转轴对称受力，两外侧闸墩水扇只有中间闸墩一半，两外侧闸墩厚度减半，但是为了方便施工，本工程取两外侧闸墩尺寸与中间闸墩尺寸相同。

为了安全，蓄水池顶部要有盖板，以防人、动物、其他杂物落入里面，使蓄水池失去蓄水功能，造成不必要的损失。

4.7　水闸进出水建筑物设计

水闸进出水建筑物由上游连接段和下游连接段两部分组成。上游连接段的作用是将上游来水平顺地引进闸室，并且具有防冲和防渗等作用；下游连接段的作用是引导过闸水流均匀扩散，通过消能设施防冲，以保证闸后水流不发生有害的冲刷。

4.7.1　上游连接段设计

水闸上游连接段包括河床底的铺盖、护底、上游防冲槽以及上游翼墙和护坡。由于仁源水闸所处位置和资金预算来源数量限制，没有设计水闸上游连接段，仅仅在闸室两侧设置了 M7.5 水泥砂浆砌石挡土墙，具体见图 4-53、图 4-54。

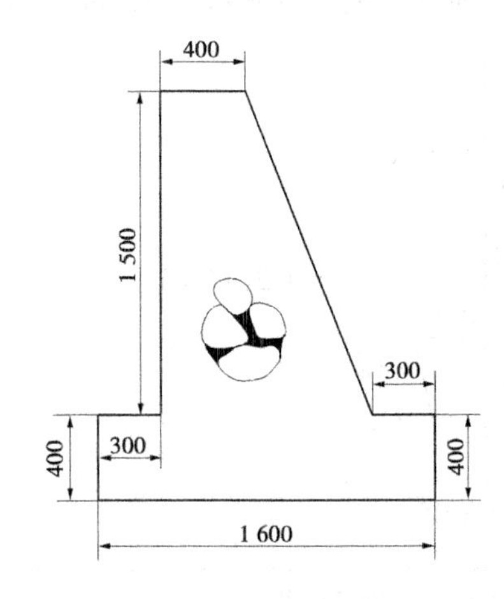

图 4-53　挡土墙结构图　（单位：mm）

图 4-54　挡土墙实物图

4.7.2　下游连接段设计

下游连接段包括下游河床部分的护坦（消力池）、海漫和防冲槽及两岸的翼墙和护坡两大部分，其主要作用是改善出闸水流条件，提高泄流能力和消能防冲效果，确保下游河床和边坡稳定。

根据仁源水闸的工程量和预算资金情况，只设计消力池和两岸护坡，见图 4-55。

图 4-55　消力池和两岸护坡实物图

4.7.2.1　消力池设计

设计工作状况：经过调查研究，确定闸门全开，2 600 mm 的河床作用水头全部泄出。

（1）验算是否需要消力池。

$$h_c = \sqrt{\frac{\alpha}{T_0 - \sqrt{\frac{\alpha}{T_0 - \sqrt{\frac{\alpha}{T_0}}}}}}$$

取 $T_0=3.1$ m;流速系数 $\varphi=0.95$;单宽流量 $q=1.0\times$河道高度 2.5 m×流速 3 m/s = 7.5 (m^2/s)

$$\alpha = \frac{7.5^2}{2g\varphi^2} = \frac{7.5^2}{2\times 9.8\times 0.95^2} = 3.18$$

$$h_c = \sqrt{\frac{\alpha}{T_0 - \sqrt{\frac{\alpha}{T_0 - \sqrt{\frac{\alpha}{T_0}}}}}} = \sqrt{\frac{3.18}{3.1 - \sqrt{\frac{3.18}{3.1 - \sqrt{\frac{3.18}{3.1}}}}}} = 1.234(\text{m})$$

$$F_r^{\ 2} = \frac{q_c^2}{gh_c^3} = \frac{7.5^2}{9.8\times 1.23^3} = 3.05$$

查《水闸》(中国水利水电出版社,2003)P67 表 3-10 和 P70-71,得

$$h''_c = \eta_1 h_c = 2\times 1.234 = 2.47(\text{m}) > h_s = 1.2\ \text{m}$$

需设消力池。可以拟定采取增加消力池深度或者设置消力坎。

(2)验算消力池池深是否满足要求。

试算时,令 $d=\sigma_0 h''_c - h_s = 1.05\times 2.47 - 1.2 = 1.40$(m),取池深 0.6 m,$T=3.1+0.6=3.7$(m)。经试算得:

$$h_c = 1.07\ \text{m}$$

$$F_r^{\ 2} = \frac{q_c^2}{gh_c^3} = \frac{7.5^2}{9.8\times 1.07^3} = 4.67$$

$$\eta_1 = \frac{2.7-2.37}{1}\times(4.67-4)+2.37 = 2.60$$

$$h''_c = \eta_1 h_c = 2.59\times 1.07 = 2.78(\text{m})$$

$$\Delta z = \frac{q^2}{2g\varphi^2 h'^2_c} = \frac{7.5^2}{2\times 9.8\times 0.95^2\times 1.2^2} = 2.21(\text{m})$$

验算淹没安全系数:

$$\sigma_0 = \frac{d+h_s+\Delta z}{h''_c} = \frac{0.6+1.2+2.21}{2.78} = 1.44$$

不满足 $\sigma_0=1.05\sim1.10$ 的要求,所设计消力池池深不满足要求。

(3)验算消力池尾坎是否满足要求。

试算时,先假定坎顶堰流是非淹没的,故坎顶上游壅高的水头近似值为:

$$H_1=\left(\frac{q}{m\sqrt{2g}}\right)^{\frac{2}{3}}=\left(\frac{7.5}{0.42\times 4.43}\right)^{\frac{2}{3}}=2.53(\text{m})$$

$$c=\sigma_0 h''_c-H_1=1.05\times 2.47-2.53=0.06(\text{m})$$

以上坎高 c 值没超过下游水深 $h_s=1.2$ m 的 0.1~0.3 倍，坎后将出现良好流态。且坎顶高程高出闸底板堰顶的数值为：0.6 m>$0.05H'_1=0.05\times 0.2=0.01$(m)，$H'_1=0.2$ m 为枯水期闸上游水深，将影响水闸在枯水期缓流取水的过水能力。因此，单纯采用尾坎式消力池也是不合适的。

由于采取增加消力池深度或者设置消力坎都不能解决水流消能问题，试着采取综合式消力池。

(4)综合式消力池计算。

设坎高 $c=0.3$ m，故 $h_n=1.2-0.3=0.9$(m)。设 $H_{10}=2.53$ m，则 $h_n/H_{10}=\frac{0.9}{2.53}=0.36$，查《水闸》(中国水利水电出版社，2003)表 3-11 得，$\sigma_s=1$，故

$$H_{10}=\left(\frac{q}{\sigma_s m\sqrt{2g}}\right)^{\frac{2}{3}}=\left(\frac{7.5}{1\times 0.42\times 4.43}\right)^{\frac{2}{3}}=2.53(\text{m})$$

与假定值相符。

消力池挖深 0.6 m，即池底高程为 100−0.3=99.7(m)。根据 $T=3.1+0.6=3.7$(m)，有

$$h_c=1.07\text{ m},h''_c=2.78\text{ m}$$

$$H_1=0.85-\frac{q^2}{2g(\sigma h''_c)^2}=0.85-\frac{7.5^2}{2\times 9.81\times(1.05\times 2.78)^2}=0.85-0.34=0.51(\text{m})$$

$$d=\sigma_0 h''_c-H_1-c=1.05\times 2.78-0.51-0.6=1.81(\text{m})$$

(5)消力池池长计算。

$$L_{sj}=L_s+\beta L_j$$

$$L_s=3\text{ m}$$

取 $\beta=0.75$，则

$$L_j=6.9(h''_c-h_c)=6.9\times 1.234=8.51(\text{m})$$

$$L_{sj}=3+0.75\times 8.51=9.38(\text{m})$$

取 $L_{sj}=11$ m。

(6)消力池底板厚度设计。

建筑材料一般选用 C20 钢筋混凝土。消力池底板厚度应根据抗冲和抗浮的稳定性分别计算。

按抗冲要求时：

$$t=k_1\sqrt{q\sqrt{\Delta H}}=0.17\times\sqrt{7.5\times\sqrt{3.1}}=0.62(\text{m})$$

按抗浮要求时：

$$t=k_2\frac{U-W\mp P_{\mathrm{m}}}{\gamma_{\mathrm{b}}}=1.2\frac{U-W\mp P_{\mathrm{m}}}{\gamma_{\mathrm{b}}}$$

扬压力包括上浮力和渗透压力。

上浮力是消力池底板受到的浮力,呈矩形分布。

假定取底板厚度为 500 mm,宽度为 8 600 mm,长度为 11 000 mm。

上浮力:

$$W_1=\gamma_{水}\ bhl=1\ 000\times9.8\times10^{-9}\times500\times8\ 600\times11\ 000=463\ 540(\mathrm{N})$$

当底板不设排水设备,坝基不进行帷幕灌浆时,渗透压力呈三角形分布,在下游边缘逸出点处为 0。

渗透压力:

$$\begin{aligned}W_2&=\frac{1}{2}\gamma_{水}\ bl(h_1-h_2)\\&=\frac{1}{2}\times1\ 000\times9.8\times10^{-9}\times8\ 600\times11\ 000\times(3.1-1.2)\\&=880.73(\mathrm{N})\end{aligned}$$

作用在消力池底板顶面的水重:

$$\begin{aligned}W_3&=\gamma_{水}\ bl(h_3-h)\\&=1\ 000\times9.8\times10^{-9}\times8\ 600\times11\ 000\times(1\ 200-500)\\&=648\ 956(\mathrm{N})\end{aligned}$$

P_{m} 为作用在消力池底板上的脉动压力,其值可取跃前收缩断面流速水头值的 5%。为简便计,取 P_{m} = 5%势能 = 5%作用水头 = 0.05×(3.1−1.6) = 0.05×1.5 = 0.075(m) = 75 mm。

γ_{b}为消力池底板的饱和重度,考虑吸水取:

$$混凝土\ \gamma_{\mathrm{b}}=2\ 500\times9.8\times10^{-9}=0.000\ 024\ 5(\mathrm{N/\ mm^3})$$

$$t=k_2\frac{W_1+W_2-W_3\mp P_{\mathrm{m}}}{\gamma_{\mathrm{b}}}=1.2\times\frac{463\ 540+880.73-648\ 956\mp75}{0.000\ 024\ 5}$$

减号值 t = −9 042 135 869 mm,加号值 t = −9 034 788 931 mm,说明抗浮没问题,自身可以满足抗浮稳定。取底板厚度为 500 mm,是满足抗浮要求的。

4.7.2.2 海漫设计

(1)海漫的长度计算。

取消力池末端单宽流量 $q_{\mathrm{s}}=5\ \mathrm{m^2/s}$。

目前工程中常用的海漫长度

$$L_{\mathrm{p}}=K_{\mathrm{S}}\sqrt{q_{\mathrm{s}}\sqrt{\Delta H}}=14\times\sqrt{5\times\sqrt{3.1}}=41.54(\mathrm{m})$$

$$L_{\mathrm{p}}=K_{\mathrm{S}}\sqrt{q_{\mathrm{s}}\sqrt{\Delta H}}=8\times\sqrt{5\times\sqrt{3.1}}=23.74(\mathrm{m})$$

取海漫长度 $L_{\mathrm{p}}=42$ m。

(2)海漫结构设计。

海漫厚度取200 mm,前段长度12 m采用M7.5浆砌石,后段采用干砌块石结构。海漫垫层为厚度200 mm的砂砾。《水闸设计规范》规定,海漫宜做成等于或缓于1∶10的斜坡,本次设计海漫倾斜度取1∶30。

4.7.2.3　防冲槽设计

防冲槽为堆石结构,即干砌石结构。海漫末端的河床冲刷深度:

$$d_m = 1.1\frac{q_m}{[v_0]} - h_m = 1.1\times\frac{5}{0.65} - 1.2 = 7.26(\text{m})$$

根据上式计算的d_m值很大,一般取防冲槽深度1.5 m,槽顶高程与海漫末端齐平,防冲槽底宽为1.5倍槽深,取为2.5 m,上游坡度系数$m=2$,下游坡度系数则视施工开挖情况而定,为了减小工程量,取为0。

$$A = d_m t\sqrt{1+m^2} = 1.5\times0.5\times\sqrt{1+2^2} = 1.68(\text{m})$$

消能设施施工图见图4-56、图4-57。

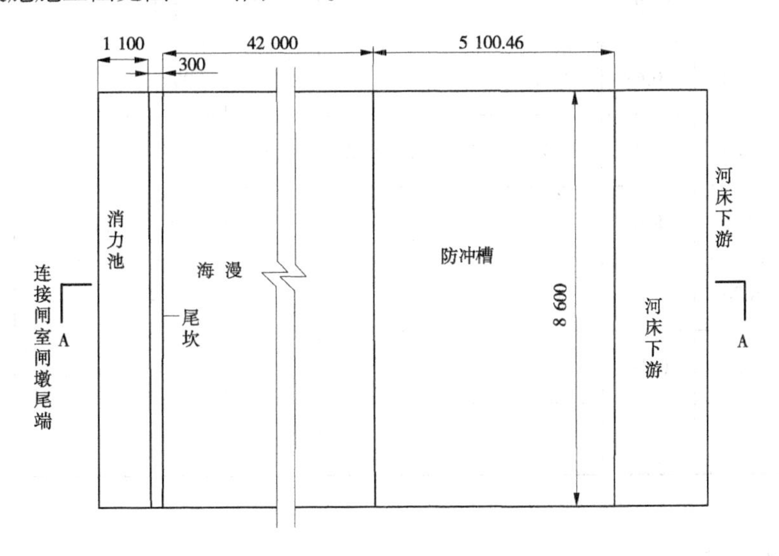

图4-56　消能设施(消力池、尾坎、海漫、防冲槽)平面图　(单位:mm)

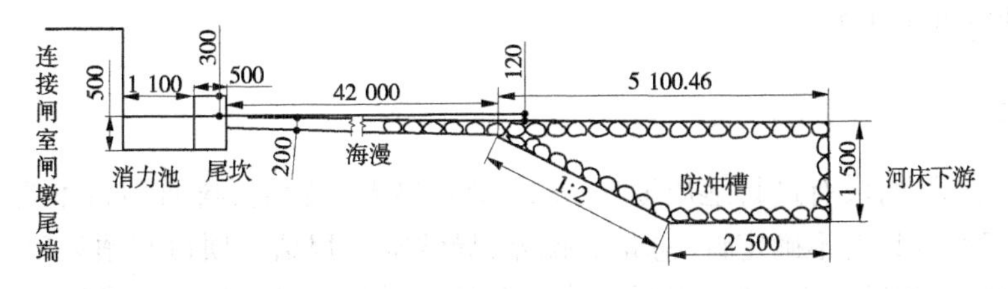

图4-57　消能设施(消力池、尾坎、海漫、防冲槽)A—A剖面图　(单位:mm)

4.8　工程概预算和结算

4.8.1　工程概预算

有些工程量计算在相应章节中,模板工程量见表4-32,工程单价采用施工地点茶陵县统一单价,工程预算见表4-33。

表4-32　水闸模板工程量计算

工程部位	上游集水井(m)		蓄水箱(m)		下游集水井(m)		面积(m^2)	闸墩数	总面积(m^2)
	高度	周长	高度	周长	高度	周长		个	
闸墩内模	2.9	2	2.4	5.82	2.9	3.756	30.65	4	122.60
闸墩外模	2.4	17.25					41.41	4	165.63
桥板外模	0.14	19.68	8.34	3			27.78	4	111.13
闸墩盖板	4.84	1.4	0.7	0.24	0.12	9.67	8.10	4	32.40
壅水坎	1.2	8.6					10.32	1	10.32
闸室底板	8.34	1					8.34	1	8.34
止水支墩	5.9	0.39					2.31	3	6.94
总计									457.36

4.8.2　工程结算

工程结算见表4-34。

4.8.3　小结

由于资金量少,没有进行地质勘探,加之受外界天气影响,科研项目本身具有不可预见性,预算工程量具有不确定性,总是有偏差,导致本工程结算项目与预算项目有差别,影响起始计划执行的准确性,建议以后预算要偏高,不然,项目实施会较难执行,容易导致半途而废。

表 4-33　变配重可控水力自动定轴翻板闸门实践研究项目工程预算

序号	部位	部位内容	子项编号	分部位	几何尺寸			工程量计算公式	单位	单件数量	单价（元）	数量	一次试验金额（元）	试验次数	金额（元）	备注
					长度（m）	宽度（m）	高度（m）									
一	施工准备	上游围堰	1	编织袋装砂	9.0	1.5	1.0	9.0×1.5×1.0	m^3	13.5	95.00		1 282.50	2	2 565.00	实施时与下游围堰相同费用
		纵向围堰	2	编织袋装砂	11.0	2.25	2.0	11.0×(1.5+3)×2/2	m^3	49.5	95.00		4 702.50	2	9 405.00	
		下游围堰	3	编织袋装砂	9.0	1.5	1.0	9.0×1.5×1.0	m^3	13.5	95.00		1 282.50	2	2 565.00	
		围堰拆除	4							76.5	12.27		938.66	2	1 877.31	
		集水坑排水	5						h	100	10.00		1 000.00	1	1 000.00	
		拆除老浆砌石坝	6		8.6	2.6	1.3	8.6×2.6×1.3	m^3	29.1	58.83		1 710.07	1	1 710.07	
		拆除旧挡墙	7		10.0	1.0	2.6	10.0×1.0×2.6	m^3	26.0	58.83		1 529.58	1	1 529.58	
		上游开挖砂砾石	8	主要是老坝上游淤积砂砾石	8.6	5.0	2.8	8.6×5.0×2.8	m^3	120.4	27.08		3 260.43	1	3 260.43	
		下游开挖砂砾石	9	仅考虑消力池长度 15 m、闸室 9 m	24.0	9.0	0.6	24.0×9.0×0.6	m^3	129.6	27.00		3 499.20	1	3 499.20	
		两岸挖土方	10	闸墩处	12.0	0.8	2.6	12.0×0.8×2.6×2	m^3	49.9	21.28		1 062.30	1	1 062.30	
		开挖石方	11	主要是坝址处开挖	8.6	9.0	0.3		m^3	23.2	180.00		4 179.60	1	4 179.60	
二		钢筋制安	1						kg	5 466.6	6.01		32 827.09	2	65 654.18	第一次闸门施工，2 个闸墩可能毁掉要施工 3 次
三		壅水坎	1	C20 混凝土	8.6	0.4	0.6	8.6×0.4×0.6	m^3	2.1	436.48		900.89	1	900.89	根据试验结果而定，可能取消
四	闸门	钢闸门	1						kg	1 131.3	9.00	3	30 544.16	1	30 544.16	含刷防锈漆、运费
		附件	2	P 形橡皮(3 个闸门)						5.9	200.00	3	3 540.00	1	3 540.00	
			3	螺栓					个数	59	1.00	3	177.00	1	177.00	
			4	(每隔 100 mm 钻孔)铁夹板					kg	25.0	8.50	3	637.76	1	637.76	
五	供排水系统	管道	1						m	140	40.00		5 600.00	1	5 600.00	联塑 PE50 mm 管径管(设置 4 种管径进水、放水)
		三通	2						个	5	20.00		100.00	1	100.00	
		弯头	3						个	8	20.00		160.00	2	320.00	
		四通	4						个	3	99.00		297.00	1	297.00	
		球阀	5						个	10	60.00		600.00	1	600.00	

续表 4-33

序号	部位	部位内容	子项编号	分部位	几何尺寸			工程量计算公式	单位	单件数量	单价（元）	数量	一次试验金额（元）	试验次数	金额（元）	备注
					长度（m）	宽度（m）	高度（m）									
六	闸墩系统	闸墩	1	C20 混凝土					m^3	34.7	456.84	6	95 114.09	1	95 114.09	4 处当作 6 处算，中间闸墩试验 2 次
		牛腿	2	C20 混凝土					m^3	0.49	456.84		223.85	2	447.70	
		止水支墩	3	C20 混凝土					m^3	0.31	456.84		141.62	2	283.24	
		蓄水箱盖板	4	曲线盖板				0.2×0.5×131/360×1.32×2×3.14	m^3	0.30	456.84	4	552.83	1	552.83	先做 2 块木板试验，然后做混凝土 C20 盖板
		不锈钢钢丝绳	5						m	72	30.00		2 160.00	1	2 160.00	
		钢质水扇	6	钢材				单个水扇重 661 N	kg	67.45	6.01	4	1 620.12	3	4 860.37	两种规格，一种宽度是 400 mm，一种宽度是 200 mm，还有可能要改变为另外 2 种规格。含刷防锈漆、运费
		钢质重锤	7	上、下游集水井不同尺寸				单个闸墩重锤（3 784+339）/2×2（N）	kg	420.71	6.01	3	7 579.17	2	15 158.34	边墩内腔宽度可能要缩窄一半，试验后再确定。含刷防锈漆、运费
		钢质滑轮	8	每个滑轮包含 1 根钢质转轴				单个闸墩滑轮	个	6	50.00	4	1 200.00	1	1 200.00	
		填料函	9	黄油										1	100.00	共 4 个填料函
			10	优质石墨盘根							50.00	4	200.00	1	200.00	
			11	圆形钢质夹板							99.00	4	396.00	1	396.00	
			12	螺栓					个	6	10.00	4	240.00	1	240.00	每个填料函 6 个
			13	外环套管					个	1	19.00	4	76.00	1	76.00	
			14	钢筋						1	49.50	4	198.00	1	198.00	
		盖板	15	4 块 C20 混凝土盖板	4.84	0.7	0.12	4.84×0.7×0.12	m^3	0.41	456.84	4	742.32	1	742.32	
			16	钢筋（与桥混凝土同比例）				242/1.75×0.41	kg	56.70	6.01	4	1 361.87	1	1 361.87	

续表 4-33

序号	部位	部位内容	子项编号	分部位	几何尺寸 长度(m)	宽度(m)	高度(m)	工程量计算公式	单位	单件数量	单价(元)	数量	一次试验金额(元)	试验次数	金额(元)	备注
七	闸室底板		1	砂石垫层	9	12	0.4		m^3	43.20	218.26		9 428.83	1	9 428.83	
		闸室底板(3 处)	2	C20 混凝土	8	9	0.4			28.86	436.00		37 748.88	1	37 748.88	
八	消力池		1	M7.5 浆砌石挡墙 2 侧	11.3	1.5	0.7	11.3×1.5×0.7×2		23.73	311.77		7 398.30	1	7 398.30	
		尾坎	2	M7.5 浆砌石挡墙	10	0.4	0.8		m^3	3.20	311.77		997.67	2	1 995.33	
九	桥板	(压重和行走)	1	C20 混凝土					m^3	1.75	456.84		799.47	1	799.47	
十				模板					m^2	458.00	58.00		26 564.00	1	26 564.00	
十一				人工二次转运块石(50 m)					m^3	26.93	13.98		376.48	1	376.48	
十二				人工二次转运混凝土(50 m)					m^3	68.88	17.56		1 209.58	1	1 209.58	
合计													296 160.31		349 636.11	

注:工期 3 个月以内。

表 4-34　变配重可控水力自动定轴翻板闸门实践研究项目工程结算

序号	部位	部位内容	子项编号	分部位	几何尺寸			工程量计算公式	单位	单件数量	单价（元）	数量	一次试验金额（元）	试验次数	金额（元）	备注
					长度（m）	宽度（m）	高度（m）									
一	施工准备	上游围堰	1	编织袋装砂	9.0	1.5	1.0	9.0×1.5×1.0	m^3	13.50	95.00		1 282.50	5	6 412.50	实施时与下游围堰相同费用，天下雨增加 2 次溃堰和试验水量太少增加 1 次围堰
		纵向围堰	2	编织袋装砂	11.0	2.25	2.0	11.0×(1.5+3.0)×2.0/2	m^3	49.50	95.00		4 702.50	5	23 512.50	天下雨增加 2 次溃堰和试验水量太少增加 1 次围堰
		下游围堰	3	编织袋装砂	9.0	1.5	1.0	9.0×1.5×1.0	m^3	13.50	95.00		1 282.50	5	6 412.50	天下雨增加 2 次溃堰和试验水量太少增加 1 次围堰
		围堰拆除	4							76.50	12.27		938.66	5	4 693.28	天下雨增加 2 次溃堰和试验水量太少增加 1 次围堰
		集水坑排水	5						h	100.00	10.00		1 000.00	1	1 000.00	
		拆除老浆砌石坝	6		8.6	2.6	1.3	8.6×2.6×1.3	m^3	29.07	58.83		1 710.07	1	0	没拆
		拆除老挡墙	7		10.0	1.0	2.6	10.0×1.0×2.6	m^3	26.00	58.83		1 529.58	1	1 529.58	
		上游开挖砂砾石	8	主要是老坝上游淤积砂砾石	8.6	5.0	2.8	8.6×5.0×2.8	m^3	120.40	27.08		3 260.43	1	0	没拆
		下游开挖砂砾石	9	仅考虑消力池长度 15 m、闸室 9 m	24.0	9.0	0.6	24.0×9.0×0.6	m^3	129.60	27.00		3 499.20	1	3 499.20	
		两岸挖土方	10	闸墩处	12.0	0.8	2.6	12.0×0.8×2.6×2	m^3	49.90	21.28		1 062.30	1	1 062.30	
		开挖石方	11	主要是坝址处开挖	8.6	9.0	0.3		m^3	23.20	180.00		4 179.60	1	4 179.60	
二		钢筋制安	1						kg	5 466.63	6.01		32 827.09	1	32 827.09	第一次闸门施工，2 个闸墩可能毁掉要施工 3 次，实际 1 次
三		壅水坎		C20 混凝土				0.75×8.45×0.5+1.75×2.1×0.5	m^3	5.01	436.48		2 185.13	1	2 185.13	实际没取消
		原计划壅水坎	1	C20 混凝土	8.6	0.4	0.6	8.6×0.4×0.6	m^3	2.06	436.48		900.89	1	0	根据试验结果而定，可能取消

续表 4-34

序号	部位	部位内容	子项编号	分部位	几何尺寸			工程量计算公式	单位	单件数量	单价（元）	数量	一次试验金额（元）	试验次数	金额（元）	备注
					长度（m）	宽度（m）	高度（m）									
四	闸门	钢闸门	1						kg	1 131.27	9.00	3	30 544.16	1	30 544.16	含刷防锈漆、运费
		附件	2	P 形橡皮(3 个闸门)						5.90	200.00	3	3 540.00	1	3 540.00	
			3	螺栓					个数	59.00	1.00	3	177.00	1	177.00	
			4	（每隔 100 mm 钻孔）铁夹板					kg	25.01	8.50	3	637.76	1	637.76	
		闸后坎（部分止水支墩）	5	C20 混凝土				0.26×0.05×1.7×3	m^3	0.07	456.84		30.29	1	30.29	增加高度 5 cm 部分
五	供排水系统	管道	1						m	140	40.00		5 600.00	1	5 600.00	联塑 PE50 mm 管径管(设置 4 种管径进水、放水)
		三通	2						个	5	20.00		100.00	1	100.00	
		弯头	3						个	8	20.00		160.00	2	320.00	
		四通	4						个	3	99.00		297.00	1	297.00	
		球阀	5						个	10	60.00		600.00	1	600.00	
六	闸墩系统	闸墩加长钢筋						1.152×242/1.75	kg	159.30	6.01		956.63	1	956.63	施工时人不好操作,临时加长
		闸墩加长		C20 混凝土				0.4×0.15×8×2.4	m^3	1.15	456.84		526.28	1	526.28	施工时人不好操作,临时加长
		闸墩	1	C20 混凝土					m^3	34.70	456.84	6	95 114.09	1	95 114.09	4 处当作 6 处算,中间闸墩试验 2 次,中间闸墩实际试验两次
		牛腿	2	C20 混凝土					m^3	0.49	456.84		223.85	2	447.70	
		止水支墩	3	C20 混凝土					m^3	0.31	456.84		141.62	10	1 416.20	实际 10 次
		蓄水箱盖板	4	曲线盖板				0.2×0.5×131/360×1.323×2×3.142	m^3	0.30	456.84	4	552.83	1	0	先做 2 块木板试验,然后做混凝土 C20 盖板,实际没做
		不锈钢钢丝绳	5						m	72	30.00		2160.00	1	2160.00	

续表 4-34

序号	部位	部位内容	子项编号	分部位	几何尺寸 长度(m)	宽度(m)	高度(m)	工程量计算公式	单位	单件数量	单价(元)	数量	一次试验金额(元)	试验次数	金额(元)	备注
六	闸墩系统	钢质水扇	6	钢材				单个水扇重 661 N	kg	67.45	6.01	4	1 620.12	4	6 480.50	两种规格,一种宽度是 400 mm,一种宽度是 200 mm,还有可能要改变为另外 2 种规格。含刷防锈漆、运费。实际 4 次
		钢质重锤	7	上、下游集水井不同尺寸				单个闸墩重锤 (3784+339)/2×2(N)	kg	420.71	6.01	3	7 579.17	2	15 158.34	边墩内腔宽度可能要缩窄一半,试验后再确定。含刷防锈漆、运费。实际没缩一半,因为重做一次
		钢质滑轮	8	每个滑轮包含 1 根钢质转轴				单个闸墩滑轮	个	6	50.00	4	1 200.00	1	1 200.00	
		填料函	9	黄油										1	100.00	共 4 个填料函
			10	优质石墨盘根							50.00	4	200.00	1	200.00	
			11	圆形钢质夹板							99.00	4	396.00	1	396.00	
			12	螺栓					个	6	10.00	4	240.00	1	240.00	每个填料函 6 个
			13	外环套管					个	1	19.00	4	76.00	1	76.00	
			14	钢筋						1	49.50	4	198.00	1	198.00	
		盖板	15	钢筋(与桥混凝土同比例)				242/1.75×0.91	kg	125.84	6.01	1	755.67	1	755.67	
			16	4 块 C20 混凝土盖板				0.06×0.77×4.9×4	m^3	0.91	456.84	1	413.68	1	413.68	
		原计划盖板	17	4 块 C20 混凝土盖板	4.84	0.7	0.12	4.84×0.7×0.12	m^3	0.41	456.84	4	742.32	1	0	
			18	钢筋(与桥混凝土同比例)				242/1.75×0.41	kg	56.70	6.01	4	1 361.87	1	0	
七	闸室底板		1	浆砌石底板	9.0.	12.0	0.4		m^3	43.20	311.77		13 468.46	1	13 468.46	砂石垫层改为浆砌石
		闸室底板(3 处)	2	C20 混凝土	8.0	9.0	0.5			36.00	436.00		47 088.00	1	47 088.00	

续表 4-34

序号	部位	部位内容	子项编号	分部位	几何尺寸 长度(m)	几何尺寸 宽度(m)	几何尺寸 高度(m)	工程量计算公式	单位	单件数量	单价(元)	数量	一次试验金额(元)	试验次数	金额(元)	备注
八	消力池	消力池	1	底板 C20 混凝土				(1.2+4.05)×0.2×8.1	m³	8.50	456.84		3 885.42	1	3 885.42	
		尾坎	2	M7.5 浆砌石挡墙				(0.8+0.2)×0.6×8.1	m³	4.86	311.77		1 515.20	1	1 515.20	
		消力池	3	下游右侧消力池浆砌石挡墙				7.12×(2.28+0.2)×(0.4+1)×0.5	m³	12.36	311.77		3 853.58	1	3 853.58	
		消力池	4	下游左侧消力池浆砌石挡墙				7.4×(2.3+0.2)×(0.4+1)×0.5	m³	12.95	311.77		4 037.42	1	4 037.42	
		消力池	5	上游侧浆砌石挡墙				(0.8+0.2)×0.5×8.1	m³	4.05	311.77		1 262.67	1	1 262.67	
		消力池	6	土方开挖				8.1×(4.05+0.7)×1+1×0.6×8.1	m³	43.34	21.28		922.17	1	922.17	
	原计划消力池		1	M7.5 浆砌石挡墙 2 侧	11.3	1.5	0.7	11.3×1.5×0.7×2		23.73	311.77		7 398.30	1	0	
		尾坎	2	M7.5 浆砌石挡墙	10.0	0.4	0.8		m³	3.20	311.77		997.66	2	0	
九	原计划桥板	(压重和行走)	1	C20 混凝土					m³	1.75	456.84		799.47	1	0	
	桥板			C20 混凝土				8.4×0.14×1.5	m³	1.76	456.84		805.87	1	805.87	
十				模板					m³	458.00	58.00		26 564.00	1	26 564.00	
十一				人工二次转运块石(50 m)					m³	88.85	13.98		1 242.18	1	1 242.18	
十二				人工二次转运混凝土(50 m)					m³	54.46	17.56		956.32	1	956.32	

续表 4-34

序号	部位	部位内容	子项编号	分部位	几何尺寸			工程量计算公式	单位	单件数量	单价（元）	数量	一次试验金额（元）	试验次数	金额（元）	备注
					长度（m）	宽度（m）	高度（m）									
十三	闸阀坑		1	M7.5 浆砌石挡墙踏步				(0.57+0.49)×0.4×4.36	m^3	1.85	311.77		576.35	1	576.35	
			2	M7.5 浆砌石中、下挡墙				0.4×(2.23+4.3)×2.27	m^3	5.93	311.77		1 848.56	1	1 848.56	
			3	底板 C20 混凝土				4.4×1.3×0.1	m^3	0.57	456.84		261.31	1	261.31	
			4	M7.5 浆砌石上挡墙				2.15×1.1×2.3−2.3×2.15×0.1×2	m^3	4.45	311.77		1 387.53	1	1 387.53	
			5	装模 C20 混凝土墙				2.3×2.15×0.1×2	m^3	0.99	456.84		451.81	1	451.81	
			6	沟边 M7.5 浆砌石挡墙				1.6×0.45×(0.55+0.2)	m^3	0.54	311.77		168.36	1	168.36	
十四	土方回填		1	右侧土方回填				1.84×(1.4+2.5+3.6)×1/3×(2.4+0.8)	m^3	14.72	10.00		147.20	1	147.20	
			2	左侧土方回填				1.84×(1.4+2.5+3.6)×1/3×(2.4+0.8)	m^3	14.72	10.00		147.20	1	147.20	
十五	闸室浆砌石	闸墩侧挡墙	1	上游右侧浆砌石挡墙				(0.95+0.6)×0.5×1.88×(0.4+1)×0.5	m^3	1.02	311.77		317.97	1	317.97	
			2	下游右侧浆砌石挡墙				(0.8+1.8)×0.5×0.98×(0.48+1)×0.5	m^3	0.94	311.77		293.92	1	293.92	
			3	桥浆砌石挡墙				2.15×0.5×0.7	m^3	0.75	311.77		234.61	1	234.61	
十六	抗旱过水管		1					22	m	22.00	60.00		1 320.00	1	1 320.00	
合计															367 755.08	
参与验收人员签字：											日期 年 月 日					

注：原计划工期 3 个月以内，由于有许多未知因素实际工期约 11 个月。

第5章　研究结论和建议

5.1　发明创新点

变配重可控水力自动定轴翻板闸门与现有闸门不同之处在于闸门结构、人为控制及计时引水、防闸门撞击和漂浮杂物阻塞闸室。变配重可控水力自动定轴翻板闸门的水箱运行时可以变配重,闸门下部与转轴固接,闸墩、牛腿、闸室底板支墩和弹簧减震支撑控制闸门转动定位,由空腹式闸墩的蓄水箱和集水井容纳连接转轴的钢丝绳,经滑轮、支架、重锤、人为升降水位变化的集水井组成的传力系统,对闸门开度进行控制,由蓄水池、进出水管路、放水管、第一阀门和第二阀门组成水流系统,保证集水井的水位升降和水量变化。

变配重可控水力自动定轴翻板闸门解决了以下问题:

(1)水力自动翻板闸门配重不变、启闭不灵活;

(2)设计与施工复杂;

(3)以往转轴运行时活动部件易被漂浮杂物卡住,无法启闭,影响泄洪安全;

(4)计时水闸引水和人力无法控制闸门泄流量和闸前水位,泄洪不可靠;

(5)设置闸墩牛腿采用三角棱体形,尖角朝向上游侧,闸门处于直立关闭时,闸室底板支墩采用四棱台形,尖角朝向上游侧,目的是保证上游来水中的漂浮物顺畅过闸,防止减小闸室过流面积,不再产生漂浮物阻水现象,有利于工程安全泄洪。

(6)在闸墩两侧蓄水箱灌水至一定深度,在转轴两端固接水扇,当闸门开启旋转时带动水扇转动,水扇受到蓄水箱水体的阻力作用,缓慢转动,而且闸门开启旋转速度越快,水扇受到蓄水箱水体的阻力作用越大,相应地减缓闸门转速,使闸门慢速翻转至闸墩牛腿上,减小闸门对闸墩牛腿的撞击力,水阻力不会像弹簧那样同时施加一个压缩反力给水扇,牵引闸门回位,导致闸室上游库容水量无法泄尽放空。当闸门关闭回转时,水扇同样受到蓄水箱水体阻力的作用,致使闸门慢速关闭,减小闸门对闸室底板支墩的撞击力,保证闸门运行稳定,延长工程寿命。

5.2　本次研究新增加创新点

此次实践研究,取得与所获专利的不同创新点:

(1)设置止水支墩,保证闸门翻转时无门叶侧向摩擦力,减小闸门翻转阻力矩,减小闸门设计尺寸,降低工程造价。

(2)设置壅水坎,见图5-1,有效防止闸门被杂物卡住,使闸门不能有效回转关闭。

图 5-1　壅水坎

5.3　与其他翻板闸门比较的优点

变配重可控水力自动定轴翻板闸门与其他翻板闸门相比较，具有以下优点：①泄洪可靠，不会出现闸门被卡住打不开的现象，这是该闸门最大的优点；②闸门配重变化，启闭灵活；③能人为地控制闸门开度，闸门泄流量和上游水位得到适时控制；④全部漂浮物都会随水流漂浮过闸排泄至下游，水流中漂浮物不会阻塞闸室，闸室过流面积不变小，保证水闸泄洪安全；⑤能计时引用水量和泄流；⑥防止闸门启闭撞击拍打；⑦自动启闭；⑧闸门橡皮压迫止水支墩止水，消除了摩擦力，减小了闸门启闭力矩，减轻了闸门自重。总之，该闸门实践研究成功，减少了闸门的工程造价和运用管理中的费用，减轻了管理人员的劳动强度，延长了闸门工程寿命。

5.4　建　议

由于创新没有经验可以借鉴，每个试验环节必须严谨，总结已有工作经验，是保证试验尽快成功的关键。下面结合本试验工程，提出一些建议。

5.4.1　设计方面

5.4.1.1　闸门宽度

设计闸门宽度尽量大些，闸墩宽度尽量减小，这样可以减少水闸单宽流量，比较容易解决闸下游的消能防冲问题。当然，不是无限地加宽闸门，必须因地制宜，讲究科学、可行和节约。

5.4.1.2　水闸上下游水位

规划设计时，必须认真调查研究工程所在地上游淹没、下游消能防冲和灌溉、发电、通航等的用水情况；为了防止水闸上游出现较大淹没损失，上游防洪堤高度必须高出开闸水位，出现洪水时，只有达到开闸水位，闸门才会开启，使工程正常发挥防洪作用；下游地区做好消能防冲处理。

关闭闸门,上游地区水位上涨,造成淹没上游地区农田、城镇等,同时高水位无人自动开闸,突然开闸放水,流量较大,水位急速下降,上游两岸土体经过长时间的水浸泡,易出现滑坡、崩岸;下游地区会出现消能防冲的问题,易导致上下游侧地区的矛盾,造成不必要的损失。故设计时,必须全面考虑上下游地区出现的问题。

河流泥沙较多时,最好另设冲沙闸,以免泥沙磨损闸门。

为了压紧止水橡皮,上游能够蓄较高水位而不造成较大淹没损失,保证止水橡皮的较大压力,以后设计闸门顶端水深至少达到400 mm,闸门转轴下部门叶有足够水压力矩,止水橡皮紧贴止水支墩,不漏水,同时减少闸门频繁启闭次数。为了实现较大关闭闸门力矩,压缩橡皮止水,可以采取如下方法:①加大单个闸门宽度;②加大闸门顶部正常溢流水深;③将门叶与转轴之间预留较大间隙距,可以减小门叶板厚度,自重轻的闸门关闭时,仍然可以将门叶止水橡皮卡紧,但是可能仍会增加闸门顶部蓄水深度,才能开闸泄水;④水箱加重,转轴下移,扩大上部泄水面积;⑤闸门转轴由滚动轴承支承,减小转轴摩擦力矩。

5.4.1.3　壅水坎

设置壅水坎,有两个作用:①阻止河床中水流漂浮物进入闸门底孔,以免阻塞翻板闸门下部孔流,导致泄洪不安全;②壅水坎与闸门门叶底端之间留有间隙,少量水流可以通过,产生落差水流,急流冲走闸室底板止水支墩阻挡的泥沙和杂物,关闸时,闸门底端止水严密,不漏水。

闸门底端与壅水坎之间设小间隙,较大漂浮物进不去小间隙,而随水流漂走,解决了漂浮物阻塞水闸问题,使水流和漂浮物往闸门转轴上部闸门板面泄水。

闸门开启至水平位置时,为了防止水流中泥沙和漂浮物落入闸门底端与壅水坎之间间隙,卡住闸门使其无法自由旋转,将壅水坎与闸门门叶底端间隙缩窄至5~10 mm,这样完全阻挡泥沙和漂浮物进入缝隙,使闸门自由旋转和关闭时无泥沙和漂浮物卡住止水橡皮,使得闸门底部止水效果可靠,间隙具体大小视当地当时施工水平而定。

闸室底板止水支墩顶部高程与上游壅水弧形底板最低高程之差尽量小,一般设计为50~70 mm,闸室底板泥沙和杂物容易随急流冲走,防止闸室底板止水支墩阻塞泥沙和杂物。

当闸门关闭蓄水时,如果闸室底板止水支墩拦截了上游水流挟带的部分泥沙或者杂物,闸门止水橡皮与止水支墩之间被隔开,不能相互触碰和紧密压缩吻合,产生空隙,导致漏水。为了防止出现这种情况,闸室过水量小时,采取人工清除办法,过水量大时,采取移动上下游重锤,带动闸门门叶产生关闭方向和开启方向旋转情形,使得杂物和泥沙产生时而压紧时而松动的情况,同时产生忽大忽小的扰动水流,冲走杂物和泥沙。

为了扩大闸门泄流量,尽量缩短闸门转轴下部高度,建议加大闸门转轴下部配重弯矩或者减小闸门转轴上部自重弯矩,闸门容易翻转回位关闭,在闸门底部加钢板配重。壅水坎高程应低于闸门开启至水平位置最低部位止水橡皮至少50 mm,水闸全部设壅水坎,壅水坎与闸门门叶底端间隙进口设凹槽和渐扩面,一是保证水箱进水,二是保证闸门启闭灵活,不被杂物卡住。结果到底是什么情况,必须通过现场试水验证。

必须保证闸门水箱进水,不能被树枝、大石子等杂物阻塞,卡住闸门,使闸门不能正常回位关闭。解决办法是:①闸门底部水箱进口设置较多隔板,人为造成很多进水口,形成网格进水,这个进水口被堵不进水,另外进水口进水,增大水箱进水概率,同时阻挡部分杂物和大颗粒石子进入水箱,增大进水量;②闸门关闭时是往下游侧旋转,防止了闸门门叶被卡住;③为了保证进水可靠,在壅水坎里面预埋水管,当闸门开启平置时,水管进口处在闸门上游侧某处过滤水井底部,水井与上游水流相联通,保证进水可靠。水管出口与壅水坎弧形曲面平整,正对水箱进口射水,保证水箱充水,增加闸门回位关闭力矩。水管出口截面与壅水坎弧形曲面持平,使得闸门旋转不受卡。

改变弧形水箱为矩形水箱,这样水箱容易进水,可以取消壅水坎,闸门关闭回位容易;还有拆除旧坝,上游库容增大,上游库内蓄水时间延长,改变上游来水流量持续时间,保证闸门水箱进水时间,减小闸门启闭次数。

闸门下端加配重保证一定水深回位,或闸门底端与壅水坎之间留较大孔泄水或者降低壅水坎顶部设置的叠梁的高度,闸门会早回位关闭,快点蓄水。

闸门关闭时,直立水箱里的水倒出,冲刷底板止水支墩拦住的泥沙和杂物,闸门门叶底板止水橡皮与底板止水支墩之间无障碍相合关闭阻水,止水效果好。

闸门侧止水支墩平整光滑直立,自然不会挂住泥沙和杂物,闸门与侧止水支墩相合严密,止水效果不错。

闸门转轴底部壅水坎阻水,必须增加水闸宽度才能满足设计过流量。

5.4.1.4　转轴摩擦力

转轴与填料函摩擦力不易确定,改进方法:缩短填料函长度和转轴半径,减少摩擦力。

闸门转轴直径越大摩擦力矩越大,可以用来缓冲闸门启闭撞击。但是,该力矩是主动力矩,而水扇阻力矩是随遇而生,是被动产生的阻力矩。

闸门转轴可以采用滚动轴承支承,减小转轴摩擦力矩。

5.4.1.5　水扇作用

水扇的作用是水扇集水井的水阻止水扇旋转,带动闸门减速旋转,防止闸门突然启闭产生较大的撞击力,延长闸门寿命。

分析闸门启闭试验视频,明确知道水扇阻尼作用,下面分析两次试验数据。

(1)2018 年 7 月 14 日水扇集水井无水,没有设置水扇试验,进行了两次启闭闸门试验:第一次闸门完整启闭持续时间 12 s,其中开启 3 s,中间停留 7 s,关闭 2 s;第二次闸门完整启闭持续时间 10 s,其中开启 3 s,中间停留 4 s,关闭 3 s。而且非常明显听见闸门开启后突然“嘣”撞击闸墩牛腿的声音。

①开启和关闭闸门都是 3 s 试验数据分析:

平均角速度:

$$\bar{\omega} = \frac{\Delta\varphi}{\Delta t} = \frac{\left(\frac{\pi}{2}\right)}{3} = 0.52(\mathrm{rad/s})$$

平均角加速度:

$$\bar{\varepsilon} = \frac{\Delta\omega}{\Delta t} = \frac{(0.52 - 0)}{3} = 0.17(\mathrm{rad/s^2})$$

闸门重心坐标、重量和撞击力计算结果见表 5-1。

表 5-1　闸门重心坐标、重量和撞击力计算表

总力矩(N · mm)	714 166.43
总重量 m(N)	9 412.28
总重心 r(mm)	75.88

平均速度：

$$\bar{v}=\frac{\Delta\varphi}{\Delta t}r=75.88\times\frac{\left(\frac{\pi}{2}\right)}{3}=39.73(\text{mm/s})$$

平均加速度：

$$\bar{a}=\frac{\Delta v}{\Delta t}=\frac{(39.73-0)}{3}=13.24(\text{mm/s}^2)$$

$$F_{\text{重心}}=m\bar{a}=13.24/1\ 000\times 9\ 412.28/9.8=12.72(\text{N})$$

牛腿撞击力：

$$F_{3\text{ s}}=\frac{12.72}{1\ 222.37}\times 75.88=0.79(\text{N})$$

②关闭闸门 2 s 试验数据分析：

平均角速度：

$$\bar{\omega}=\frac{\Delta\varphi}{\Delta t}=\frac{\left(\frac{\pi}{2}\right)}{2}=0.79(\text{rad/s})$$

平均角加速度：

$$\bar{\varepsilon}=\frac{\Delta\omega}{\Delta t}=\frac{(0.79-0)}{2}=0.39(\text{rad/s}^2)$$

平均速度：

$$\bar{v}=\frac{\Delta\varphi}{\Delta t}r=75.88\times\frac{\left(\frac{\pi}{2}\right)}{2}=59.59(\text{mm/s})$$

平均加速度：

$$\bar{a}=\frac{\Delta v}{\Delta t}=\frac{(59.59-0)}{2}=29.80(\text{mm/s}^2)$$

$$F_{\text{重心}}=m\bar{a}=29.80/1\ 000\times 9\ 412.28/9.8=28.62(\text{N})$$

牛腿撞击力：
$$F_{2\text{ s}}=\frac{28.62}{1\ 222.37}\times 75.88=1.78(\text{N})$$

(2)2018 年 11 月 10 日水扇集水井有水,设置了水扇试验,由于上游水流量大,所以闸门整个启闭时间持续 63 s,其中开启 4 s、中间停留时间 55 s、关闭 4 s。闸门开启后撞击闸墩牛腿的声音不明显。

平均角速度：

$$\bar{\omega}=\frac{\Delta\varphi}{\Delta t}=\frac{\left(\frac{\pi}{2}\right)}{4}=0.39(\text{rad/s})$$

平均角加速度： $$\bar{\varepsilon}=\frac{\Delta\omega}{\Delta t}=\frac{(0.39-0)}{4}=0.10(\text{rad/s}^2)$$

平均速度：

$$\bar{v}=\frac{\Delta\varphi}{\Delta t}r=75.88\times\frac{\left(\frac{\pi}{2}\right)}{4}=29.80(\text{mm/s})$$

平均加速度： $$\bar{a}=\frac{\Delta v}{\Delta t}=\frac{(29.80-0)}{4}=7.45(\text{mm/s}^2)$$

$$F_{重心}=m\bar{a}=7.45/1\ 000\times 9\ 412.28/9.8=7.15(\text{N})$$

牛腿撞击力：

$$F_{4\text{ s}}=\frac{7.15}{1\ 222.37}\times 75.88=0.44(\text{N})$$

由于观测设备所限，上面牛腿撞击力计算值偏小。汇总以上计算结果见表 5-2。

表 5-2　不同闸门启闭时间所产生的不同运动参数比较表

是否有水扇作用	启闭时间(s)	平均角速度 $\bar{\omega}$ (rad/s)	平均角加速度 $\bar{\varepsilon}$ (rad/s²)	平均速度 $\bar{v}$ (mm/s)	平均加速度 $\bar{a}$ (mm/s²)	牛腿撞击力 F (N)
有	4	0.39	0.10	29.80	7.45	0.44
无	3	0.52	0.17	39.73	13.24	0.79
	2	0.79	0.39	59.59	29.80	1.78

(3)观看以上两个试验视频可知：显然实现了闸门水力自动开启和关闭。

上述试验结果表明：

①有水扇闸门启闭时间 4 s 大于无水扇闸门启闭时间 2 s 或者 3 s，水扇集水井里的水阻止水扇转动作用明显，降低了闸门转速，延长了闸门启闭旋转时间。

②牛腿撞击力计算值排序如下：

$$F_{2\text{ s}}=1.78\text{ N}>F_{3\text{ s}}=0.79\text{ N}>F_{4\text{ s}}=0.44\text{ N}$$

比较上面牛腿撞击力大小关系，明显得到：有水扇闸门启闭的撞击力小于无水扇闸门启闭的撞击力，而且差值较大，说明水扇阻止闸门旋转作用明显，大大减轻了启闭闸门的撞击力；同时也说明没有设置水扇，启闭闸门拍打撞击现象严重。

③实现了无人管理闸门启闭操作，降低工程管理费用。

总之，水扇阻尼试验结果表明：达到水扇设计目的，本次试验是成功的。

水扇长度方向可以多段焊接，便于改变试验数据，万一闸门启闭力小，可以改变水扇重量实现，不用改变闸门尺寸，是一个好的补救措施。

闸墩要预留高位置进水孔,便于上游水流进入闸墩集水井,使得集水井供水可靠,保证重锤和水扇可靠工作。

开闸时,以闸门转轴为界,门叶上部水压使之开启,下部水压阻止开启,缓解撞击。

设计可以再优化,图纸可以再优化,主要考虑水箱进水容易,闸门止水容易。

在小型水闸工程中,门叶尺寸小,启闭闸门产生的撞击力也小,可以取消闸门水扇,简化设计,闸墩不需要布置集水井,施工简单,加快施工进度,降低了闸墩的工程造价。

5.4.1.6　闸门后跌水消能

闸门正常关闭蓄水,闸门顶部产生溢流跌水,靠近闸门下游闸室底板容易冲刷,以后必须设计消力池。

闸门开启至水平位置泄流,闸门板上侧泄流多些,产生跌水,需设计消力池防冲刷闸底板,同时闸门底孔小流量泄流,两股水流交互冲击消能。

5.4.1.7　提早关闸

加大回位关闭力矩,如闸门底部加大水箱水重、自重和配重,可以解决使闸门泄流还有一定水深,不让上游水量完全泄空,闸门就开始回位关闭,这样闸门可以提早蓄水。

壅水坎后与闸门之间小容积蓄水,可以使得上游小流量水早点闭闸蓄水。

对门江闸门水箱放置在门叶后侧,不蓄水时,闸门自身绕转轴平衡时,门叶自然倾向上游侧,当开始蓄水时,需要外力关闭闸门。如果闸门水箱设计成对称于门叶,开始蓄水时,不需人或水压关闸,即无外力作用,闸门自动直立关闭。

河床小流量,水箱进水困难,以后设计进水口靠近闸门底端移动,进水口高度开口应稍微高点,方便进水,尽早关闸。

5.4.1.8　水箱进水

壅水坎与闸门底端预留一定进水宽度,壅水坎顶部高程大于或者等于闸门开启至水平位置时门叶迎水面高程,使得泥沙和漂浮物随水流漂走,防止上游漂浮杂物堵塞进水支墩与闸门底端间隙,使得闸门回位关闭被卡住,不能自动关闭。

闸门开启至水平位置时,为了保证水箱进水,一是闸门底端距离水箱进口长度要短,二是水箱进口接长至闸门低端。闸门水箱进口高度保证可靠进水和水箱蓄一定水量。

5.4.1.9　闸门拆卸组合

有的建闸地方,交通道路不好,没有吊车起吊整体闸门。以后设计闸门时,要考虑人工安装维修拆卸施工方便,加快施工进度,尽量采用螺栓连接组装闸门。

5.4.1.10　配重篮

以后上游集水井重锤可以改为配重篮设计,根据要求往篮子里面增减配重,随时增加或者减小闸门关闭力矩,满足闸门上游不同蓄水位的要求。

重锤不能被卡在闸墩集水井内腔,施工时特别要防止模板变形,集水井内腔尺寸稍微偏大 60~80 mm,有重锤的前后左右活动余地,保证重锤上下自由升降,不被卡住。

5.4.1.11　闸门外形

闸门外形除了满足闸门结构强度和刚度要求外,还必须满足水流顺畅无阻条件要求,考虑加劲肋切角、水箱弧形、门叶平整光滑等形体设计。

5.4.1.12 闸门刚度

假如闸门门叶刚度不够,闸门蓄水开启前段时间,转轴上部门叶有点往后,位移变形,止水橡皮与止水支墩开裂成缝隙,导致漏水,闸门蓄水困难,以后必须注意满足闸门刚度要求,不能随便更改设计。

闸门止水橡皮出现漏水现象,必须及时处理,解决办法:闸门门叶转轴上部后面加预应力支杆或者前面加预应力拉杆,但是这样,闸门外形设计不简洁,改为闸门底部加配重或者门叶底部加长。

闸门转轴上部两侧后面发生弯曲变形,可以在门叶后面加支撑。

5.4.1.13 闸门耐磨

挟带泥沙的水流流经闸门面板,闸门面板经过长时间运行,会遭到磨损,以后设计闸门时,门叶厚度要加厚 2~3 mm 泥沙冲刷磨损量。

由于门叶转轴上部高度比下部高度占的比例大,水流泥沙接触面积大,闸门上部门叶磨损总量比下部门叶自然多些,关闭闸门力矩增大,止水橡皮压缩量大,容易关闸止水,但是,开闸力矩就小,需要较高上游水位产生的开闸力矩,开启闸门较困难。

5.4.1.14 闸门回位

闸门开启至水平位置时,回位力矩差值必须大于零,闸门才可以回位关闭。

闸门回位关闭力矩至少 200 kg · m,另外止水橡皮必须对正安装,决不能挨紧闸墩,会产生摩擦力,还有闸墩卡住水扇会影响闸门翻转,达不到自动回位效果。

5.4.1.15 闸门泄水

启用下游集水井重锤落下,10 min 开闸泄水,30 min 闸门全开,以后输水管道内径必须进行水力计算,管道内径至少 100 mm,管径大点,闸阀开启大点,泄水快,开闸也快。如果需要慢点,只需将闸阀开小点即可。

5.4.1.16 闸门应用的其他问题

固定水坝始终保持一种河床水流工况,不能变换,水流泥沙自然会根据所处环境找到一个适合淤积的位置,长期运行后,泥沙始终堆积于此地,越来越多,影响引水工程水流状态,其中一个最大问题是泥沙和杂物阻塞流道,磨损过流机械,对水电站、泵站和灌溉等引水工程建筑物产生不利影响。

水电站、泵站和灌溉等引水工程要求水流不产生或者产生少量泥沙淤积,只有让引水工程进口水流条件随时随地发生变化才能满足。变配重可控水力自动定轴翻板闸门通过自动或者人为开闸和关闸,可以改变河床下泄流量和水位等水流条件,改变河床杂物和泥沙淤积状况,减少引水建筑物泥沙淤积,不改变河床原来的地形地貌,动态改变水流防泥沙淤积,这方面应用研究尚未展开,估计前景广阔。

闸墩集水井排水阀设竖井和爬梯,便于人工启闭闸阀,控制闸门开启。

本工程采用止水橡皮,平直段宽度 8 cm,P 形头宽 3 cm,止水支墩厚度至少需要 5 cm。

5.4.2 施工方面

(1)为了避免不必要的损失,施工计划建 3 扇闸门,设计单扇闸门宽度窄些。开始试验时,考虑不产生折冲水流,先做中间闸墩和一扇闸门,万一试验失败了,损失也可以小些,待试验成功后再做两侧闸门,这样可以防止后期两侧闸门施工出现差错,有补救办法,显然工期会延长。

(2)看清图纸,了解设计和预算要求,发现问题必须及时改进设计。

(3)施工放样必须经过设计人员准确定位,不允许施工队自行随意施工放样。闸门泄水主流方向必须符合闸门所在河床上下游的主流方向,避免造成建成水闸主流偏向河床主流方向,引起下游河床不必要的冲刷改道,造成不必要的损失,致使当地群众产生不必要的矛盾纠纷。

(4)严格执行施工顺序。工作人员、资金及时到位,放样、制作闸门、围堰(同时制模)、开挖基础、排水、浇筑混凝土垫层施工、绑扎钢筋、立模、浇筑混凝土、养护、放水试验、观测、拍照、留存图片、记载数据、分析试验结果,不满意再重做,再试验,直至成功。

(5)本工程没有拆除现有固定拦河坝,将水闸位置往后移,减小了工程量,待试验成功后,再拆除现有坝体。

(6)施工规划设计。及早规划施工道路、施工方案以及紧急预备方案,施工进度计划必须先紧后松,先施工水下工程后施工水上工程。雨雪天气对施工影响较大,应时刻注意天气预报,抓住有利天气施工,随时增减人员和机械设备,抢住一切有利时机施工,尽量减少无准备施工、窝工,及早完工。

(7)由于闸门工程在加工和安装过程中总有意想不到的误差或者其他情况出现,闸门加工完毕准备安装前,必须在加工场地将闸门试着用两支点支承门叶两侧转轴两端,然后观察闸门是否倾向上游来水方向,这样测试一下,再安装,容易保证一次性安装成功,避免将闸门加工错误带到施工现场。如果有条件,最好把先加工完毕的闸门放到简易坝试验一下,以防出现返工,造成不必要的损失。

(8)闸墩布置有输水管道和集水井,闸墩壁薄,浇筑混凝土时,必须振捣密实,另外集水井内侧壁要设防水层。

(9)进出口建筑物设计施工,根据科研资金多少来安排,资金充裕的话,可以上下游两岸衬砌挡土墙;如果资金不充裕,首先考虑下游侧消能防冲挡土墙的设计施工。

(10)水箱与门叶尽量采用相同规格的材质,即用14 mm厚Q235钢板制作。如果设计要加厚钢板,也尽量采用同规格钢板,便于施工。

(11)水箱进水口设置铰链拦污栅,水箱进水时,可以阻拦漂浮物进入水箱,水箱泄水时,它会自动开启泄水,防止试验不成功,施工时采用螺栓连接,可以随时取消。

(12)今后施工时,尽量预留孔洞和缺口位置,便于安装滑轮支杆和钢丝绳等零部件传力系统,省去临时打孔和二次浇筑混凝土的工作量。

(13)围堰施工决不能偷工减料,否则垮堰,施工不成功,得不偿失。

(14)为了止水支墩、不锈钢止水、止水橡皮施工安装时能准确定位,需要进行二期混凝土施工,预留钢筋布置位置。

(15)今后闸门零部件采取螺栓连接,能够方便拆卸、搬运组合,便于施工安装维修。

(16)模板制作。看清设计图纸,准确加工闸门设计尺寸,采取合适的施工方法,严控混凝土工程模板变形。特别应注意集水井空腔装模,如果发生施工变形变窄,重锤就装不进去,只能改小重锤,达不到设计要求,或者拆毁重新装模再浇筑混凝土,直至满足设计尺寸要求,造成较大损失;如果变形必须非常小,可以采取打磨集水井内侧壁混凝土,扩大宽度,防止闸墩壁钢筋裸露,不改变重锤设计尺寸,免去重新来回运输和加工重锤,降低工程费用。

今后兴建闸墩集水井,必须预留足够的施工变形尺寸,大于等于 5 cm 以上。但是不能太宽裕;否则,重锤被水浮起来时,重锤实际重心总会因为各种原因有偏差,可能易倾斜,产生沿集水井侧壁的滑动摩擦力。

重锤不能被卡在闸墩集水井内腔,施工时特别要注意防止模板变形,集水井内腔尺寸稍微偏大 60~80 mm,重锤有前后左右活动余地,保证重锤上下自由升降,不被卡住。

闸墩外侧施工时,闸室底板和安装模板尺寸必须准确,振捣不能变形,保证闸门翻转自如。否则,闸门易被卡住,不能自由旋转启闭。

(17)闸门安装。翻板闸施工放样与常规闸不同,闸门和闸墩等建筑物制作尺寸必须按照设计图纸要求加工,门叶旋转运动轨迹需要顺畅、方正,闸门才能正常翻转;否则,闸墩会卡住闸门门叶,闸门难以旋转,右岸靠近山边,闸门止水橡皮被闸墩卡住,无法回位,且致使泄水流方向非河床主方向。

闸门转轴安装要平整,否则门叶和水扇旋转易被闸墩卡住。

由于工地施工条件差,难以准确定位,必须在加工场焊接好,装车定位,注意运输途中防止闸门碰撞变形。

必须施工挂线,确保准确定位闸门。

(18)试验施工时,发现下游集水井重锤重量较大,见图 5-2,必须用滑轮吊装,维修很不方便,建议以后设计成几个对称偶数,如 4 个小重锤,用螺栓连接的组合件,方便安装和维修搬运。

图 5-2　重锤实物图

(19)闸门止水好坏是关乎水闸工程成败的关键所在,必须做好止水设计方案,有三个连接部位需要做好止水。

①门叶侧面和底部止水。

此处橡皮止水原理:由关闸力矩产生压力,压迫安装在闸门边缘的止水橡皮,止水橡皮紧贴止水支墩,防止漏水。

施工时,液态混凝土止水支墩与止水橡皮模板紧贴,待止水支墩凝固后,旋转闸门止水橡皮脱离止水支墩。关闭闸门时,在关闸力矩作用下,凸起止水橡皮与止水支墩凹槽相互严密紧贴吻合止水。如果早拆模,液态混凝土还没有凝固,有流动变形,待凝固后,闸门关闭蓄水时,止水橡皮与固态混凝土凹槽不能严密靠紧接触,有缝隙漏水。

浇筑混凝土止水支墩时,相当于液态水压,液态混凝土浇筑高度越高,对作为模板的止水橡皮压力越大,显然,止水橡皮压缩量越大,所以凝固拆模后,止水橡皮回弹量大,闸门转轴上下部门叶止水橡皮变形不一致,出现漏水现象。

为了防止出现上述情况,门叶底部所有混凝土止水支墩高度低,首先可以一次性完成混凝土浇筑,待门叶底部所有混凝土止水支墩凝固后,然后再浇筑门叶上部混凝土止水支墩;而门叶上部混凝土止水支墩高度较高时,必须采取分期浇筑,待止水支墩下层低位置的混凝土初凝后,再浇筑上层混凝土,以免产生较大液态混凝土侧压力,减轻对类似模板的止水橡皮产生较大压缩变形,保证止水效果,当然这种施工方法会延长工期。

由于止水支墩先期与闸墩已经全部完成浇筑凝固,见图5-3,所以止水支墩与止水橡皮吻合施工时,必须拆除凿毛止水支墩部分混凝土,露出钢筋,再浇筑混凝土,振捣密实,直至混凝土不陷落下沉为止,保证脱模后混凝土止水支墩光滑有形。

图5-3　凸起止水橡皮与止水支墩凹槽脱离实物图

止水支墩凹槽外缘边与闸门塞厚度为5~10 mm模板,预留间隙,万一行不通,可用砂轮打磨5~10 mm间隙,防止混凝土止水支墩凹槽外缘边凝固后刚好抵住闸门侧面,止水橡皮不能与止水支墩严密压紧吻合。

当工地气温达20 ℃以上时,止水支墩混凝土养护时间至少7 d以上,待凝固后拆模。

闸门顶端作用水头尽量设计为350 mm以上,这样在闸门未开启翻转前,有较大水压关闭闸门止水橡皮,保证橡皮压缩一定量,橡皮与止水支墩严密靠紧,不漏水。

闸门加工后平整度严重变形,导致闸门止水不好处理,只能采用凿除支墩,重新以闸门止水橡皮为模板进行二次现场浇筑混凝土,使得止水支墩与止水橡皮相互吻合,达到严密止水。

首先可以在闸门转轴底部做好受压止水,然后做上部L形橡皮止水。上部加L形橡皮,主要是闸门止水橡皮本身要平整,混凝土止水支墩面要平整密实。开始混凝土支墩浇筑施工过程中难以满足要求,必须进行二次止水施工,这样才能精准定位。

闸门本身必须平整,支墩才好施工。

止水支墩细石混凝土的标号稍微高点,振捣密实,该处是受力止水的地方,施工尺寸精度要求高,必须精工细作。

设计闸门开启时,可以先使闸门顶部最大过水深调大,这样在未达到开启前闸门水位时,压缩止水橡皮力较大,橡皮止水效果更好,但是闸门上游可能造成淹没损失。

可以在闸门上下部位各安装同止水形状的硬物,如木质、钢制材料,作为模板浇筑,保证拆模后止水支墩不变形,刚好吻合止水橡皮形状,这要求橡皮安装必须精准到位,否则仍然会变形漏水。

目前仁源水闸中间和左边止水支墩存在蜂窝麻面,出现漏水现象,需要重做;而右边闸门止水支墩做得光滑,与止水橡皮严密紧贴吻合,滴水不漏,止水效果好。

②转轴与套管组合填料函止水。

转轴漏水,解决方法是环绕转轴包裹一层橡皮,橡皮与转轴接触面涂黄油润滑,然后用细石混凝土填实。转轴填料函漏水必须设置完整橡皮环,不能截断拼接或者胶结,否则,填料函止水就不可靠。

填料函最好在加工厂做好止水填料,现场安装不方便。

③转轴与闸墩侧墙止水。

此处止水关键是闸墩装模要尺寸准确,模板不变形,最好选用刚度强的钢模,模板必须刷脱模剂。但是实际施工中,由于种种原因,转轴与闸墩侧墙之间总是留有缝隙,这时,只能采用闸门与转轴交界处设置橡皮,后面再加钢板,用螺栓拧紧,缝隙里填实细石混凝土,然后养护一段时间,脱模有形。转轴包裹厚止水橡皮达到止水。

5.4.3 管理方面

本水闸工程刚刚建成不久,运行时间短,目前还缺乏管理经验,只能介绍闸门的一些基本运行常识。

(1)起始关闭闸门。闸门安装或者维修完毕,需要人工关闭闸门蓄水,以后不再需要人工开启或者关闭闸门,完全水力自动控制闸门启闭。

(2)只要上游溢流水深不超过闸门门叶顶端 162.37 mm,下游集水井蓄满水,重锤上升至最高位置,不牵引水扇,上游集水井重锤与钢丝绳断开,也不牵引水扇,闸门可以实现正常蓄水。

(3)人工关闸蓄高水位。上游集水井重锤拉住水扇,增大闸门关闭力矩,可以增大洪水期闸门蓄水位,满足特殊需水要求,如经天气预报,往后一段时间内降雨量较少,上游来水较少,可以不开闸泄洪,始终保持较高的发电、通航、灌溉等水位,充分发挥工程效益,同时也减少了闸门启闭次数,延长闸门寿命。

但是,如果没有特殊工况要求,上游集水井不蓄水,重锤沉入上游集水井底部,钢丝绳一端与重锤断开,以免产生过高蓄水位,淹没上游地区,造成不必要的损失。钢丝绳另一端系上水扇,以免脱落丢失。

(4)人工开闸。遇见特殊工况,需要人工开闸时,先打开下游集水井闸阀,降低下游集水井水位,下游集水井重锤缓慢下降,钢丝绳一端与重锤相连,另一端与水扇相连,牵引水扇旋转,引起转轴旋转,开启闸门。

2019 年 5 月 10 日人工开闸试验时,闸门门叶转轴下部承受较大水压作用,闸门不是突然打开,而是缓慢开启,这样人为可以将闸门开至任何不大于 90°的稳定角度,任意地调控水闸上游水位,满足用水单位不同需水要求,达到了人工调控闸门目的。

(5)闸门自动启闭。上游溢流水深超过闸门门叶顶端 162.37 mm,上下游集水井重锤都不牵引水扇,闸门会自动开启泄洪,泄流一定时间,降低至一定水位,由于闸门水箱进水,闸门开始关闭,完全由水力自动启闭闸门,实现无人管理。

(6)今后集水井放水阀必须设密闭不进水爬梯竖井,方便管理人员上下启闭,还有每个集水井闸阀用红漆标注位置和启闭方向。

(7)严防闸门顶部水深超过 500 mm,一旦超过,门叶可能受损,因为闸门顶部最高水深设计是 500 mm。闸门运行期间,必须加强人为巡视管理闸门,消除一切影响水闸不利因素,特别要防止杂物卡住闸门门叶,确保闸门安全运行。

5.5 进一步改进研究设想

由于是首次进行此类闸门设计、施工,历时较短,没有资料和经验借鉴,加之该闸门从建成至今,运行时间短,管理经验少,加上作者水平、能力和见识有限,所以该闸门肯定还需要进一步完善改进。

根据目前所做的工作和工程,有以下几个方面值得进一步研究:

(1)闸门运行需要进一步观测,调研当地百姓所见所闻所想,取得运行资料(如汛期、枯水期、中水期等),为今后管理提供参考。

(2)现有闸门首先必须人为控制关闭蓄水,闸门门叶数量较多时,比较麻烦。

(3)闸墩较多,阻水,能否减少闸墩数量,使泄洪更安全。

(4)闸门止水施工不好做,需要多次试验,施工难度较大。

(5)多沙河流,泥沙易磨损闸门门叶,最好做成钢筋混凝土结构门叶,耐磨,但是目前因为各种原因,还没有进行这方面工作。

为了增加水扇回位阻力,水扇设计成密闭空心铁浮箱,当然,假如塑料浮箱强度足够的话,采用容重较小的塑料浮箱更好,可以减小浮箱自重产生的弯矩对闸门旋转的影响,使设计闸门更为简单快捷。

参 考 文 献

[1] 刘细龙,陈福荣.取水输水建筑物丛书:闸门与启闭设备[M].北京:中国水利水电出版社,2002(2009重印).

[2] 孙训方,方孝淑,关来泰.材料力学[M].北京:高等教育出版社,1985.

[3] 陈宝华,张世儒.取水输水建筑物丛书:水闸[M].北京:中国水利水电出版社,2003(2009 重印).

[4] 李宗键,江仪贞,王长德.水力自动闸门[M].北京:水力电力出版社,1987.

[5] 陈宝华.水闸[M].北京:中国水利水电出版社,2003.

[6] 湖南省水利水电勘测设计研究总院.中小型水利水电工程典型设计图集.挡水建筑物分册.橡胶坝与翻板坝[M].北京:中国水利水电出版社,2007.

[7] 李利荣,周春生,梁栋,等.国内外水力自动闸门研究综述[J].内蒙古水利,2011(2):8-9.

[8] 蒋磊,张庆华,翟兴涛,等.水力自控翻板闸门设计参数分析[J]. 水利水电科技进展,2013,33(1):77-79.

[9] 许韬.水力自动滚筒闸门的水力特性研究[D].西安:西北农林科技大学,2015.

[10] Wang C, Bai Q, Sun M, et al. A design of auto hydraulic flap type irrigating machine in surge flow water-saving irrigation [C]// International Conference on New Technology of Agricultural Engineering. 2011.

[11] 郭利娜.水力自控翻板闸门撞击分析及减震措施[J].水利水电技术,2015,46(1):49.

[12] 陈宝华,张世儒.农村水电站:水闸[M].北京:中国水利水电出版社,2003(2009 重印).

后　记

2017 年 7 月 10 日至 8 月 1 日，着手考虑闸门设计，从内容构思、章节框架安排，历经数次修改，由于是原创，参考资料少，边写边改，不行重来；8 月 2 日至 10 月 31 日，着手设计、图纸绘制、文字和表格编写，重点计算和绘图，反复修改，假设参数、计算、分析结论，不行，再重新假设参数、计算、分析结论，再不行，重来，反反复复，积累经验，最终得到较为理想的结论。现在仍然存在许多问题，其过程是充满未知的，也是艰辛的，需要不怕挫折，失败了爬起来，再失败再爬起来，不屈不挠，于 11 月 1 日完成试用稿，它需要经过试验、实践验证、修改和完善。后面试验时，加强观测、记录，采用拍照、录视频等形式，修改格式、文字、数据等资料，争取每一章编一个 Excel 程序，便于以后进行快速设计。

谢太生

2019 年 6 月